创一流 技工院校 职业院校 "一体化" 精品教材

中型企业网构建

◎主　编　钱宏武　向必圆

◎副主编　吴冰清　刘瑞韬　钟爱青

◎参　编　李耀伦

电子工业出版社.

Publishing House of Electronics Industry

北京 · BEIJING

内 容 简 介

随着网络技术的进步，特别是近几年互联网＋的发展，网络已经渗入社会生活的各个层面，成为人们生活、学习和工作中不可或缺的一部分。从企业的运营来看，网络在企业发展过程中的助推作用日益突出，构建企业网络成为企业发展战略非常重要的组成部分。

本书从实际应用出发，通过五个项目介绍了一个企业组建企业网络的过程。五个项目分别是连通网络、网络服务与应用、网络冗余、网络安全和网络接入。每个项目包括若干个相关的任务，通过将理论融入项目实践中，使学生在学习掌握企业网络构建技术的同时掌握相关的理论知识，切实提高学生网络构建实施的实践能力和技能扩展潜力。

本书适合作为普通高等院校计算机网络相关专业的教材，也可以作为企业网络工程技术人员的培训教材和网络爱好者的自学参考书。

图书在版编目（CIP）数据

中型企业网构建 / 钱宏武，向必圆主编. —北京：电子工业出版社，2018.8

ISBN 978-7-121-34517-3

Ⅰ. ①中… Ⅱ. ①钱… ②向… Ⅲ. ①企业内联网－职业教育－教材 Ⅳ. ①TP393.18

中国版本图书馆 CIP 数据核字（2018）第 128594 号

策划编辑：张　凌
责任编辑：张　凌　特约编辑：王　纲
印　　刷：北京虎彩文化传播有限公司
装　　订：北京虎彩文化传播有限公司
出版发行：电子工业出版社
　　　　　北京市海淀区万寿路 173 信箱　邮编　100036
开　　本：787×1 092　1/16　印张：8　字数：204.8 千字
版　　次：2018 年 8 月第 1 版
印　　次：2019 年 1 月第 2 次印刷
定　　价：24.00 元

前 言
PREFACE

  本书是以项目导向教学思想为指导，根据任务驱动教学需求组织编写的教材。通过合理设置多层次、广度优先、兼顾深度、强化实践的综合性工程项目，按照企业组建网络、扩展网络应用的工作流程组织具体的学习任务，达到强化学生综合技能，提升综合职业素养的目的。

  本书从实际应用及工作过程出发，突出技能提升，兼顾理论学习，采用"项目导向、任务驱动"方式组织课程内容，循序渐进地引导学生从基本的网络连接、内部网络应用搭建、网络冗余设计、网络安全防护和网络接入五个方面了解并掌握组建一个中型企业网络需要掌握的各项技术。项目的组织体现了企业网络从小到大，从单一连网到综合应用，从面向内部提供服务到建立企业间网络连接的发展过程，既符合知识的逻辑顺序，又着眼于学生的思维发展规律和由简到繁的认知规律，体现了工程实践技能逐步提升的过程，有助于教学的顺利开展。

  教学内容组织体现了"教、学、做"一体化的教学理念，以学生"做中学"为中心，以学习实践技能为根本出发点，教和学围绕"做工程"展开，在做中学，在学中做。每个任务后面都有知识链接，对该任务涉及的理论知识进行介绍，实现理论与实践的结合，有助于学生扩展知识面，更好地掌握所学技术，进而为后续的能力提升和职业发展奠定坚实的基础。

  本书立足于工程实践，将知识点与操作技能巧妙地融入每个任务中，强调了工程实施的顺序和步骤，强化了的实践环节，强烈的工程实践代入感有助于激发学生解决实践问题的兴趣，提高学生的学习主动性，切实提高学生的工程实践能力，以及自主学习和创新能力。

  本书适合作为普通高等院校计算机网络相关专业的教材，也可以作为企业网络工程技术人员的培训教材和网络爱好者的自学参考书。

  本书是广东省机械技师学院"创建全国一流技师学院项目"成果——"一体化"精品系列教材之一。本系列教材以"基于工作过程的一体化"为特色，通过典型工作任务，创设实际工作场境，让学生扮演工作中的不同角色，在教师的引导下完成不同的工作任务，并进行适度的岗位训练，达到培养提高学生综合职业能力的目标，为学生的可持续发展奠定基础。

  本书由钱宏武和向必圆任主编，吴冰清、刘瑞韬和钟爱青任副主编，李耀伦参编。全书由钱宏武和向必圆进行统稿和修改。

  由于网络工程技术的迅猛发展及编者水平有限，书中难免存在错误和不妥之处，恳请同行和读者批评指正。

编   者

目　录
CONTENTS

项目一

●●●●● 连通网络

项目情景

XX 公司这几年发展迅速，为了适应公司规模的扩大，在高科技工业园申请了一个区域。新建的公司办公楼、生产大楼和员工宿舍楼已经完工并即将投入使用。为了实现信息化管理，现拟搭建公司的内部网络，将公司办公楼、生产大楼和宿舍楼完全覆盖。为了确保网络的优异性能，需要对广播进行控制，同时按照公司的管理体系对各部门进行网络隔离，以提高网络的安全性。

学习目标

专业能力

➤ 能够根据要求选购交换机。

➤ 能够根据要求连接端口。

➤ 能够对交换机进行初始化配置。

➤ 能够配置 VLAN。

➤ 能够配置 VLAN 间通信。

➤ 能够对干道 VLAN 修剪，优化网络。

社会能力

➤ 能够与技术团队一起制定解决问题的方案。

➤ 能够向客户详细展示解决方案。

➤ 能够对客户的维护人员进行培训。

方法能力

➤ 能够利用前面所学的知识，结合"知识链接"、产品说明书、网络资料，探究解决
问题的办法。

任务1 选择交换机并连接网络

任务描述

分析 XX 公司的网络组建需求，选择合适的网络设备组建该网络，并向该公司王总经理汇报。

学习目标

➤ 能够利用以前所学的知识，结合"知识链接"探究解决问题的办法。
➤ 能够与技术团队一起制定解决问题的方案。
➤ 能够向客户详细展示解决方案。
➤ 能选择交换机型号并连接网络。

参考学时

8 学时

任务实施

说明：可采用角色扮演方式实施项目教学，每组学生不超过 6 人，其中，4 名学生扮演 YY 网络部门技术员，教师扮演 XX 公司王总，2 名学生扮演 XX 公司维护人员（观察员）。

活动 1.【资讯】调查交换机的工作原理、主流产品及其功能

通过阅读"知识链接"、查询互联网资料，叙述影响交换机选择的因素。

活动 2.【计划】选购交换机产品

根据公司网络现状，结合公司预算，通过技术团队小组的研究和讨论，确定交换机的选型方案。

活动 3.【决策】确定解决方案，并向客户详细展示

（1）YY 公司技术团队派代表以 PPT 方式展示解决方案，XX 公司人员提出问题。

提出的问题：_____

（2）通过现场展示、问答和研讨，对方案进行了如下修改：

_____

_____

活动 4.【实施】带领客户的人员实施方案

YY 公司网络部门技术人员展示如图 1-1 所示的工程实施流程，同时向 XX 公司相关人员介绍该项目的实施流程。

活动 5.【检查】效果检查与评估

XX 公司维护人员检查工程项目整体的完成情况，口头向王总汇报实施效果。双方确认项目完工，填写表 1-1，通过验收。

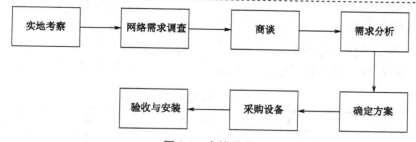

图 1-1　实施流程

表 1-1　项目验收单

项目名称		施工时间	
用户单位（甲方）		施工单位（乙方）	
工作内容及过程简述：			
乙方项目负责人：	日期：　　年　　月　　日		
自检情况：			
乙方项目负责人：	日期：　　年　　月　　日		
用户意见及验收情况：			
甲方代表：	日期：　　年　　月　　日		

活动 6.【评价】任务评价与反馈

XX 公司维护人员检查 YY 公司各技术员的项目任务完成情况，向王总汇报实施效果。双方确认项目完工情况，填写表 1-2。

表 1-2　YY 公司技术员评价表

班级：			学号：			姓名：			日期：		
评价内容	自我评价			公司维护人员评价			王总评价				
	优秀	合格	不合格	优秀	合格	不合格	优秀	合格	不合格		
清楚解决办法											
解决方式可行											
展示详细明了											
实施过程顺利											
团队协助											
工作态度											
总体评价	（　　）优秀　　　（　　）合格　　　（　　）不合格										
	公司维护人员签名：　　　　　　　　王总签名：										

知识链接

1. 以太网交换技术

以太网交换技术根据交换机中所记录的 MAC 地址映射表进行数据转发。交换机可以识别数据帧中的 MAC 地址信息，然后将这些 MAC 地址与接收端口的信息对应起来并记录在交换机内部的一个映射表中，这个表称为 MAC 地址映射表。然后根据 MAC 地址映射表进行数据转发。

2. 以太网帧格式

以太网帧的封装格式见表1-3。在封装字段中，类型/长度字段的值大于或等于0x0600时，表示上层数据使用的协议类型，例如0x0806表示ARP请求或应答，0x0800表示IP。

表1-3　以太网帧封装格式

目 的 地 址	源 地 址	类 型	数 据	F C S
← 6字节 →	← 6字节 →	← 2字节 →	← 46~1500字节 →	← 4字节 →

在上述帧的封装结构中，目的地址和源地址信息就是48位MAC地址信息，如图1-2所示的就是当前以太网中Ethernet II帧封装的MAC地址信息。

| 0000 | 10101000 01010111 01001110 01110111 00001111 00100110 00101100 01010110 | WNw. &. V |
| 0008 | 11011100 00001000 00010011 00000001 00000110 01000101 00000000 | E. |

图1-2　Ethernet II帧封装的MAC地址信息

在图1-2中封装的源MAC地址（Src）为2c:56:dc:0c:13:01（2c:56:dc:0c:13:01），目的MAC地址（Dst）为a8:57:4e:77:0f:26（a8:57:4e:77:0f:26）。

3. 交换机的工作原理

交换机依据MAC地址，通过一种确定性的方法在接口之间转发数据帧，数据帧的封装中必不可少的信息有源MAC地址、目的MAC地址、高层协议标识、错误检测信息。

交换机通过源MAC地址来获得与特定接口相连的设备的地址，并根据目的MAC地址来决定如何处理这个数据帧。交换机的主要功能如下。

1）学习

交换机通过查看所接收到的每个数据帧的源MAC地址，来学习每个接口连接的设备的MAC地址，地址到接口的映射存储在MAC地址表中。

2）转发/过滤

收到数据帧后，交换机通过查看MAC地址表来确定通过哪个接口可以到达目的地。若在MAC地址表中找到目的地址，则将数据帧转发到相应的接口；否则，将数据帧转发到除入站接口外的所有接口（称为泛洪）。

3）消除环路

环路将导致数据帧不断传输，直到耗尽所有带宽，导致网络崩溃，生成树协议（Spanning Tree Protocol，STP）可避免环路，同时允许存在多条备份路径，供链路出现故障时使用。

4. 交换机转发方式

1）直通转发

直通转发是指交换机接收到数据帧头后立即查看目的MAC地址并进行转发。直通转发交换速度较快，但冲突产生的碎片和出错的数据帧也被转发。

2）存储转发

存储转发是计算机网络领域使用最为广泛的技术之一。交换机收到完整的数据帧后，读取源MAC地址和目的MAC地址，然后进行CRC校验，过滤掉不正确的数据帧。存储转发在处理数据帧时延迟时间比较长，但可以对进入交换机的数据帧进行错误检测，支持不同速度的输入、输出接口间的数据交换。

3）无碎片直通转发

无碎片直通转发也称分段过滤，交换机读取前 64 字节后开始转发，交换机可以过滤掉由冲突产生的帧碎片，但校验不正确的数据帧仍然会被转发。无碎片直通转发广泛用于低档交换机。

5. 交换机的访问方式

用户对交换机进行配置和访问共有以下 4 种方式，如图 1-3 所示。

1）通过带外方式对交换机进行管理

使用 Console 线缆将交换机的 Console 端口与主机的 RS-232（串口）连接，就可以用主机上的终端软件对交换机进行管理。

2）通过 Telnet 对交换机进行远程管理

通过交换机的 Console 端口对交换机进行初始化配置，配置交换机的管理 IP 地址、特权密码、用户账号等，同时开启交换机的 Telnet 服务后，就可以通过网络，以 Telnet 的方式远程登录管理交换机了。

3）通过 Web 对交换机进行远程管理

通过交换机的 Console 端口对交换机进行初始化配置，配置交换机的管理 IP 地址、特权密码、用户账号等，同时开启交换机的 Web 服务后，就可以通过网络，使用 IE 浏览器远程登录管理交换机了。

4）通过 SNMP 管理工作站对交换机进行远程管理

要通过 SNMP 管理交换机，需要一套网络管理软件，在交换机上除了要配置管理 IP 地址外，还要对 SNMP 的一些参数进行配置。

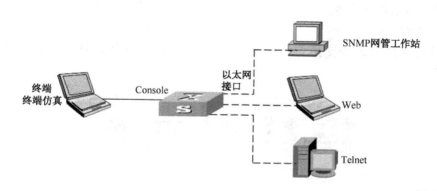

图 1-3　交换机的访问方式

6. 交换机的系统文件和配置文件

1）系统文件：包括系统映像文件和引导文件

系统映像文件是指交换机硬件驱动和软件支持程序等的压缩文件，即通常所说的 IMG 升级文件。

引导文件是指引导交换机初始化的文件，即通常所说的 ROM 升级文件。

2）配置文件：包括启动配置文件和运行配置文件

启动配置文件是指交换机启动时采用的配置序列，该文件名固定为 startup-config。

运行配置文件是指交换机当前运行的配置序列，该文件存放在内存中。

使用命令 write 或命令 copy running-config startup-config，可将运行配置序列 running-config 从内存中保存到 Flash 中，即实现运行配置序列到启动配置文件的转变，形成配置保留。

7. 交换机选购参考

交换机作为局域网数据转发的核心设备，其性能及功能决定着局域网的可管理性和数据转发性能，选择交换机时应该从以下几方面去考虑。

1）交换机是否可管理

交换机分为管理型交换机及基本型交换机两种。基本型交换机主要是扩展端口，无须配置，即插即用；管理型交换机则提供了丰富的管理功能，如划分 VLAN、端口安全、速率管理等。

2）物理端口

交换机支持的物理端口数量决定该交换机接入的终端或二级设备的数量，需要根据实际需要选择，当然也需要考虑后续的网络扩展。交换机的接入端口用于连接内网终端，上连端口用于连接上级设备，需要考虑不同端口类型支持的最高速率。

3）特殊端口

如果接入终端为 PoE 设备，需要考虑交换机端口是否需要支持 PoE 供电；远距离传输需要考虑支持光纤接口等。

4）功能支持

划分 VLAN 实现属于不同 VLAN 的端口不可互访，设置静态路由实现不同网段的 VLAN 可以互访，DHCP 侦听防止其他 DHCP 服务器的接入对局域网造成影响，以上功能均为大中型局域网常用功能。

5）其他特性

查看所选交换机是否支持访问控制、802.1x 认证、环回检测、四元绑定、IGMP Snooping 等。

任务2　划分 VLAN

任务描述

XX 公司的生产大楼中有办公区和生产区，两个区域位于同一楼层，并且两个区域的计算机等终端设备都连在同一台交换机上。公司已为生产大楼分配了固定的 IP 地址段，现在王总要求保证两个区域的相对独立，保证两个区域之间的数据互不干扰，也不影响各自的通信效率。

学习目标

➤ 能够利用前面所学的知识，结合"知识链接"、网络资料，探究解决问题的办法。

➤ 能够与技术团队一起制定解决问题的方案。

> 能够向客户详细展示解决方案。
> 能熟悉常用的交换机基本配置命令，并实现 VLAN 的划分，保证 VLAN 间数据的相对独立性。

参考学时

4 学时

任务实施

说明：可采用角色扮演方式，实施项目教学，每组学生不超过 6 人，其中，4 名学生扮演网络公司技术员，教师扮演 XX 公司王总，2 名学生扮演 XX 公司维护人员（观察员）。

活动 1.【资讯】清楚 VLAN 的划分方法

通过阅读"知识链接"、查询互联网资料，总结 VLAN 的划分方法，完成表 1-4。

表 1-4 VLAN 的划分方法

名　称	适 用 范 围
基于＿＿＿＿＿划分的 VLAN	适用于＿＿＿＿＿网络
基于＿＿＿＿＿划分 VLAN	适用于＿＿＿＿＿网络
基于＿＿＿＿＿划分 VLAN	适用于＿＿＿＿＿网络
根据＿＿＿＿＿划分 VLAN	适用于＿＿＿＿＿网络
按＿＿＿＿＿划分 VLAN	适用于＿＿＿＿＿网络
按＿＿＿＿＿划分 VLAN	适用于＿＿＿＿＿网络

活动 2.【计划】拟定两个区域之间的数据互不干扰的解决方式

通过技术团队小组的研究和讨论，我们认为可以采用＿＿＿＿＿＿＿＿＿＿方式解决同一台交换机上两个区域的相对独立性问题。

（1）拟采用的方法：＿＿＿＿＿＿＿＿＿＿＿＿＿＿＿＿＿＿＿＿＿。
其优势是：＿＿＿＿＿＿＿＿＿＿＿＿＿＿＿＿＿＿＿＿＿＿＿＿＿

＿＿＿＿＿＿＿＿＿＿＿＿＿＿＿＿＿＿＿＿＿＿＿＿＿＿＿＿。
（2）实现该技术的设备：＿＿＿＿＿＿＿＿＿＿＿＿＿＿＿＿＿＿
＿＿＿＿＿＿＿＿＿＿＿＿＿＿＿＿＿＿＿＿＿＿＿＿＿＿＿＿。

活动 3.【决策】确定解决方案，并向客户详细展示

（1）YY 公司技术团队派代表以 PPT 方式展示解决方案，XX 公司维护人员提出问题。
提出的问题：＿＿＿＿＿＿＿＿＿＿＿＿＿＿＿＿＿＿＿＿＿＿＿＿

（2）通过现场展示、问答和研讨，方案进行了如下修改：

＿＿＿＿＿＿＿＿＿＿＿＿＿＿＿＿＿＿＿＿＿＿＿＿＿＿＿＿＿＿

活动 4.【实施】带领客户的维护人员实施方案

网络公司技术人员在思科模拟器中实现方案，同时向 XX 公司维护人员介绍，并记录到表 1-5 中（可根据需要制作）。

表 1-5　单交换机 VLAN 的配置

步　　骤	操 作 说 明

活动 5.【检查】效果检查与评估

XX 公司维护人员检查 YY 网络公司各技术员的完成情况，口头向王总汇报实施效果。双方确认项目完工，填写表 1-6。

表 1-6　项目验收单

项目名称		施工时间	
用户单位（甲方）		施工单位（乙方）	
工作内容及过程简述： 乙方项目负责人：	日期：　　年　　月　　日		
自检情况： 乙方项目负责人：	日期：　　年　　月　　日		
用户意见及验收情况： 甲方代表：	日期：　　年　　月　　日		

活动 6.【评价】任务评价与反馈

XX 公司维护人员检查 YY 公司各技术员的项目任务完成情况，向王总汇报实施效果。双方确认项目完工情况，填写表 1-7。

表 1-7　YY 公司技术员评价表

班级：		学号：		姓名：		日期：		
评价内容	自我评价			公司维护人员评价			王总评价		
	优秀	合格	不合格	优秀	合格	不合格	优秀	合格	不合格
清楚解决办法									
解决方式可行									
展示详细明了									
实施过程顺利									
团队协助									
工作态度									
总体评价	（　　）优秀　　（　　）合格　　（　　）不合格 公司维护人员签名：　　　　　　王总签名：								

拓展训练

在使用过程中，在所采购的交换机设备的官网查询新发布的 IOS 文件，并与当前使用设备的 IOS 进行对比。如果当前的 IOS 文件版本较低，须下载最新版本的 ISO 文件并为交换机升级 IOS 系统。

1. 交换机的基本配置

交换机的配置需要在对应的模式下进行，常用的配置模式见表 1-8。

表 1-8　常用的配置模式

工 作 模 式		提 示 符	启 动 方 式
用户配置模式		switch>	开机自动进入
特权用户配置模式		switch#	switch>enable
配置模式	全局模式	Switch（config）#	Switch#configure terminal
	端口模式	Switch（config-if）#	Switch（config）#interface fastethernet0/1
	VLAN 模式	Switch（config-vlan）#	Switch（config）#vlan　（vlan id）
	线程模式	Switch（config-line）#	Switch（config）#line console 0

2. 常用的基本配置命令

1）退出命令

exit 命令：从当前模式退出，进入上一个模式，如在全局配置模式使用该命令退回到特权用户配置模式，在特权用户配置模式使用该命令退回到一般用户配置模式等，应用举例：

```
Switch (config)#exit
Switch#exit
Switch>
```

end 命令、快捷键 Ctrl+Z：直接退回到特权模式，应用举例：

```
Switch (config-if)#end
Switch#
```

2）帮助命令

输出有关命令解释器帮助系统的简单描述。此命令适用于各种配置模式，应用举例：

```
Switch (config)#?
Switch#con?          /使用?显示当前模式下所有以 "con" 开头的命令
Switch#con<tab>        /使用Tab键补齐命令，需要这部分字符足够识别唯一的命令关键字
```

3）简写命令

如果要简写命令，只需要输入命令关键字的一部分字符，只要这部分字符足够识别唯一的命令关键字即可。例如：

```
Switch (config)#interface fastethernet0/1   /可简写为：Switch (config)
#int f0/1
Switch (config)#exit                /可简写为：Switch (config)
#ex
```

4）设置提示符命令 hostname

设置交换机命令行界面的提示符，系统的默认提示符与交换机的型号有关。此命令适用于全局配置模式，应用举例：

```
Switch (config)#hostname sw2960
sw2960 (config)#
```

5）热启动命令 reload

用户可以通过该命令，在不关闭电源的情况下，重新启动交换机，此命令适用于特权用户配置模式，应用举例：

```
Switch#reload
```

6）恢复交换机的出厂设置命令 erase

恢复交换机的出厂设置，即用户对交换机做的所有配置都消失，用户重新启动交换机后，出现的提示与交换机首次上电一样，此命令适用于特权用户配置模式，应用举例：

```
Switch#erase startup-config
Switch#reload
```

7）保存命令 write

将当前运行时配置参数保存到 Flash Memory。当完成一组配置，并且已经达到预定功能时，应将当前配置保存到 Flash 中，以便因不慎关机或断电，系统可以自动恢复到原先保存的配置，此命令适用于特权用户配置模式，应用举例：

```
Switch#write              /相当于copy running-configstartup-config 命令
```

8）查看命令 show

思科交换机中，查看命令要在特权用户模式下使用，常用的查看命令见表 1-9。

表 1-9　常用的查看命令

命　令　格　式	解　　释	配　置　模　式
Switch#show version	查看交换机的系统版本信息	特权模式
Switch#show running-config	查看 RAM 里当前生效的配置信息	
Switch#show starup-config	查看保存在 Flash 里的配置信息	

9）no 选项

几乎所有命令都有 no 选项。通常，使用 no 选项来禁止某个特性或功能，或者执行与命令本身相反的操作。例如：

```
Switch (config)#hostname sw2960
sw2960 (config)#no hostname sw2960
Switch (config)#
```

10）终止当前操作

快捷键 Ctrl＋C 可以终止当前操作。

11）配置特权模式密码

配置进入特权模式密码的命令：Switch （config）#enable secret [level 用户级别] 0|5 密码，关键参数"0"表示可以输入一个明文口令，"5"则表示需要输入一个已加密的口令。

用户级别（可选），范围是 1～15，1 为普通用户级别，最高授权级别默认为 15 级。

12）使用历史命令

Ctrl＋P 或上方向键：在历史命令表中浏览前一条命令，从最近的一条记录开始，重复使用该操作可以查询更早的记录。

Ctrl＋N 或下方向键：在使用了 Ctrl＋P 或上方向键操作之后，使用该操作在历史命令表中回到最近的一条命令，重复使用该操作可以查询命令记录。

13）IOS 升级

IOS 是路由器、交换机等网络设备操作系统，它是一种嵌入式系统，通过升级 IOS，可以更加充分地发挥路由器、交换机的功能。常见的 IOS 升级方法主要有从 Console 口导入、从 TFTP 服务器上导入和从 FTP 服务器上导入等。

```
Switch#copy tftp: flash            /从TFTP服务器上导入IOS
Switch#show flash:                 /查看Flash中的系统映像文件
Switch（config）#boot system c2950-i6q4l2-mz.121-22.EA8.bin
/改变启动的系统映像文件
```

3. 交换机的端口配置命令

交换机常用的端口配置命令见表 1-10。

表 1-10　交换机的端口配置命令

命 令 格 式	解　　释	配置模式
shutdown	关闭端口	端口配置模式
no shutdown	开启端口	
speed　{ 10 | 100 | auto }	配置以太网端口的速率（auto 自动协商）	
no speed	以太网端口的速率恢复为默认值（auto）	
duplex { half | full | auto }	配置以太网端口的工作模式	
no duplex	以太网端口的速率恢复为默认值（auto）	
Switchport port-security maximum M	配置交换机端口的最大连接数限制	
Switchport port-security violation {protect | restrict | shutdown }	配置产生安全违例的处理方式（默认处理方式为 protect）	
Switchport port-security mac-address mac-address	配置交换机端口的 MAC 地址绑定（mac-address 为主机的 MAC 地址）	
Show port-security interface [interface-id]	查看端口的安全配置信息	特权模式
Show port-security address	查看安全地址信息，显示安全地址及老化时间	
Show port-security	查看所有安全端口的统计信息	

4. 交换机的端口

交换机以太网端口共有三种链路类型：Access、Trunk 和 Hybrid。

1）Access 端口

Access 端口是接入端口，Access 端口只能属于一个 VLAN，一般用于连接计算机。

2）Trunk 端口

Trunk 端口是干道接口，可以属于多个 VLAN，可以接收和发送多个 VLAN 的报文，一般用于交换机之间连接。

3）Hybrid 端口

Hybrid 端口可以属于多个 VLAN，可以接收和发送多个 VLAN 的报文，可以用于交换机之间的连接，也可以用于连接用户的计算机。

5. VLAN 的概念

VLAN（Virtual Local Area Network）又称虚拟局域网，一个 VLAN 组成一个逻辑子网，

即一个逻辑广播域，它可以覆盖多个网络设备，允许处于不同地理位置的网络用户加入一个逻辑子网。

广播域指的是广播帧（目标 MAC 地址全部为 1）所能传递到的范围，即能够直接通信的范围。严格地说，并不仅仅是广播帧，多播帧和目标不明的单播帧也能在同一个广播域中畅行无阻。

划分 VLAN 后，能够将网络分割成多个广播域，就能解决仅有一个广播域时，有可能会影响到网络整体的传输性能的问题。

6. VLAN 的划分方法

VLAN 在交换机上的实现方法可以大致划分为六类，见表 1-11。

表 1-11　VLAN 的划分方法

名　称	简介及优缺点	适 用 范 围
基于端口划分的 VLAN	按 VLAN 交换机上的物理端口和内部的 PVC（永久虚电路）端口来划分 优点：定义 VLAN 成员时非常简单，只要将所有的端口都定义为相应的 VLAN 组即可 缺点：如果某用户离开原来的端口到一个新的交换机的某个端口，必须重新定义	适用于任何大小的网络
基于 MAC 地址划分的 VLAN	这种划分 VLAN 的方法是根据每个用户主机的 MAC 地址来划分 优点：当用户物理位置从一个交换机换到其他的交换机时，VLAN 不用重新配置 缺点：初始化时，所有的用户都必须进行配置，工作量大	适用于小型局域网
基于网络层协议划分的 VLAN	VLAN 按网络层协议来划分，可分为 IP、IPX、DECnet、AppleTalk 等 VLAN 网络 优点：用户的物理位置改变了，不需要重新配置所属的 VLAN，而且可以根据协议类型来划分 VLAN，并且可以减少网络通信量，可使广播域跨越多个 VLAN 交换机 缺点：效率低下	适用于需要同时运行多协议的网络
根据 IP 组播划分的 VLAN	IP 组播实际上也是一种 VLAN 的定义，即认为一个 IP 组播组就是一个 VLAN 优点：更大的灵活性，而且也很容易通过路由器进行扩展 缺点：适合局域网，主要是效率不高	适合不在同一地理范围的局域网用户组成一个 VLAN
按策略划分的 VLAN	基于策略的 VLAN 能实现多种分配，包括端口、MAC 地址、IP 地址、网络层协议等 优点：网络管理人员可根据自己的管理模式和需求来决定选择哪种类型的 VLAN 缺点：建设初期步骤繁复	适用于需求比较复杂的环境
按用户定义、非用户授权划分的 VLAN	为了适应特别的 VLAN 网络，根据具体的网络用户的特别要求来定义和设计 VLAN，而且可以让非 VLAN 群体用户访问 VLAN，但是需要提供用户密码，在得到 VLAN 管理的认证后才可以加入一个 VLAN	适用于安全性较高的环境

7. VLAN 的配置命令

VLAN 的配置命令及配置模式见表 1-12。

表 1-12　VLAN 的配置命令

命 令 格 式	解 释	配 置 模 式
vlan <vlan-id>	创建 VLAN 或进入 VLAN 模式	全局配置模式
no vlan <vlan-id>	删除 VLAN	
name <vlan-name>	设置 VLAN 名称	VLAN 配置模式
no name	删除 VLAN 名称	
switchport interface <interface-list>	为 VLAN 分配交换机端口	
No switchport interface <interface-list>	删除 VLAN 中已分配交换机端口	
switchport mode {trunk|access}	设置当前端口为 Trunk 或 Access	端口配置模式
switchport trunk allowed vlan {<vlan-list>|all}	设置 Trunk 端口允许通过的 VLAN	
no switchport trunk allowed vlan <vlan-list>	删除 Trunk 端口允许通过的 VLAN	
switchport trunk native vlan <vlan-id>	设置 Trunk 端口的 PVID（本征 VLAN 号）	
no switchport trunk native vlan	删除 Trunk 端口的 PVID	
switchport access vlan <vlan-id>	将当前端口加入指定 VLAN	
no switchport access vlan	将当前端口退出到指定 VLAN	
show vlan {id vlan-id | name name |brief }	查看 VLAN 的配置情况	特权模式

8. 单交换机划分 VLAN 案例

例：现要求在思科模拟器中添加一台二层交换机和三台 PC，将 f0/1～f0/10 划为 VLAN10，f0/11～f0/20 划为 VLAN20。其中，PC1 的 IP 地址为 192.168.10.1/24，PC2 的 IP 地址为 192.168.10.2/24，PC3 的 IP 地址为 192.168.10.3/24，PC1 接入 VLAN10，PC2 与 PC3 接入 VLAN20。

主要的配置步骤及命令如下。

第一步：划分前检查。

连通性检查：ping。

查看 VLAN 信息：Switch （config-if）#show vlan brief

第二步：划分 VLAN。

```
Switch (config)#vlan 10                      /创建VLAN10
Switch (config-vlan)#vlan 20                 /创建VLAN20
Switch (config)#interface range fast 0/1-10  /复选fast 0/1到fast 0/10端口
Switch (config-if)#sw acc vlan 10            /f0/1～f0/10归属VLAN10
Switch (config)#int range f0/11-20
Switch (config-if)#sw acc vlan 20            /f0/11～f0/20归属VLAN20
```

第三步：划分后检查。

连通性检查：ping。

查看 VLAN 信息：Switch （config-if）#show vlan brief

结果及分析：

划分前 PC1 与 PC2、PC1 与 PC3、PC2 与 PC3 之间都能互通，因为所有的端口都属于默认的 VLAN1。划分后 PC1 与 PC2、PC1 与 PC3 之间不通，PC2 与 PC3 之间互通，因为 PC1 属于 VLAN10，PC2 与 PC3 属于 VLAN20。该实验的结果验证了 VLAN 的隔离功能。

9. 多交换机划分 VLAN 案例

（1）IEEE802.1q 是常用的 VLAN 标记方法，封装结构如图 1-4 所示。

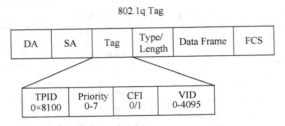

图1-4　IEEE802.1q帧封装结构

（2）Tag Aware端口。

Tag Aware端口，即干道接口，可以允许多个VLAN通过，它发出的帧一般是带有VLAN标签的，本征VLAN不带标签，默认是VLAN1，一般用于交换机之间的连接，或者用于交换机和路由器之间的连接。

IEEE802.1q定义了VLAN帧格式，所有在干道链路上传输的帧大多是打上标记的帧（tagged frame），通过这些标记，交换机就可以确定哪些帧分别属于哪个VLAN。

10. 交换机IOS的升级

通过TFTP服务器，实现交换机IOS的升级，如图1-5所示。

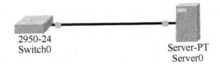

图1-5　IOS的升级

1）硬件的连接

在Packet Tracer 5.2工作界面中添加一台2950-24、一台服务器，使用直通线将Switch0和Server0连接起来。

2）软件的设置

① 双击Server0打开配置界面，查看TFTP服务器运行情况，以及服务器中已有的交换机、路由器的IOS文件（.bin），如图1-6所示。

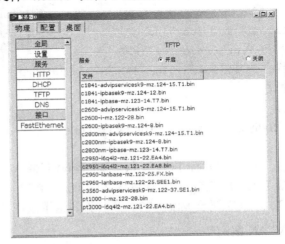

图1-6　TFTP服务器

② 设置 TFTP 服务器的 IP 地址为 192.168.1.1/24，设置方法参照图 1-5 及相关说明。

11. 交换机的配置

```
Switch>enable
Switch#show version                    /查看交换机当前的IOS版本信息
Cisco Internetwork Operating System Software
IOS_ (tm)_C2950_Software_ (C2950-I6Q4L2-M),_Version_12.1 (22)EA4,
_RELEASE_SOFTWARE (fc1)_               /交换机当前的IOS版本
Copyright  (c) 1986-2005 by cisco Systems, Inc.
Compiled Wed 18-May-05 22:31 by jharirba
Image text-base: 0x80010000, data-base: 0x80562000
ROM: Bootstrap program is is C2950 boot loader
Switch uptime is 20 seconds
System returned to ROM by power-on
Cisco WS-C2950-24  (RC32300) processor  (revision C0) with 21039K bytes
of memory.
Processor board ID FHK0610Z0WC
Last reset from system-reset
Running Standard Image
24 FastEthernet/IEEE 802.3 interface (s)
63488K bytes of flash-simulated non-volatile configuration memory.
Base ethernet MAC Address: 00D0.FF70.7014
Motherboard assembly number: 73-5781-09
Power supply part number: 34-0965-01
Motherboard serial number: FOC061004SZ
Power supply serial number: DAB0609127D
Model revision number: C0
Motherboard revision number: A0
Model number: WS-C2950-24
System serial number: FHK0610Z0WC
Configuration register is 0xF
Switch#conf t
Enter configuration commands, one per line. End with CNTL/Z.
Switch (config) #int vlan 1
Switch (config-if) #ip add 192.168.1.2 255.255.255.0
/设置管理交换机的IP地址，应与TFTP服务器在同一网段
Switch (config-if) #no shut          /启用接口
Switch (config-if) #
%LINK-5-CHANGED: Interface Vlan1, changed state to up
%LINEPROTO-5-UPDOWN: Line protocol on Interface Vlan1, changed state to
up
Switch (config-if) #^Z              /使用快捷键Ctrl+Z回到特权模式
Switch#
%SYS-5-CONFIG_I: Configured from console by console
Switch#
Switch#copy tftp: flash        /从TFTP服务器上导入IOS
Address or name of remote host []? 192.168.1.1        /TFTP服务器的IP地址
```

```
    Source filename []? c2950-i6q4l2-mz.121-22.EA8.bin    /用来升级的IOS文件
    Destination filename [c2950-i6q4l2-mz.121-22.EA8.bin]?      /按回车确认
    Accessing tftp://192.168.1.1/c2950-i6q4l2-mz.121-22.EA8.bin...
    Loading c2950-i6q4l2-mz.121-22.EA8.bin
    from
192.168.1.1: !!!!!!!!!!!!!!!!!!!!!!!!!!!!!!!!!!!!!!!!!!!!!!!!!!!!!!!!!!!!!!!!
    [OK - 3117390 bytes]
    3117390 bytes copied in 1.953 secs   (1596205 bytes/sec)
    Switch#show flash
    Directory of flash:/
    1  -rw-    3058048       <no date>  c2950-i6q4l2-mz.121-22.EA4.bin
    2  -rw-    3117390       <no date>  c2950-i6q4l2-mz.121-22.EA8.bin
    64016384 bytes total   (57840946 bytes free)
    Switch#conf t
    Enter configuration commands, one per line. End with CNTL/Z.
    Switch (config) #boot system c2950-i6q4l2-mz.121-22.EA8.bin
    Switch (config) #^Z
    Switch#
    %SYS-5-CONFIG_I: Configured from console by console
    Switch#reload
    Proceed with reload? [confirm]yC2950 Boot Loader (C2950-HBOOT-M) Version
12.1 (11r) EA1, RELEASE SOFTWARE  (fc1)
    Compiled Mon 22-Jul-02 18:57 by miwang
    Cisco WS-C2950-24  (RC32300) processor  (revision C0) with 21039K bytes
of memory.
    2950-24 starting...
    Base ethernet MAC Address: 0002.4A6A.D209
    Xmodem file system is available.
    Initializing Flash...
    flashfs[0]: 2 files, 0 directories
    flashfs[0]: 0 orphaned files, 0 orphaned directories
    flashfs[0]: Total bytes: 64016384
    flashfs[0]: Bytes used: 6175438
    flashfs[0]: Bytes available: 57840946
    flashfs[0]: flashfs fsck took 1 seconds.
    ...done Initializing Flash.
    Boot Sector Filesystem (bs:) installed, fsid: 3
    Parameter Block Filesystem (pb:) installed, fsid: 4
    Loading "flash:/c2950-i6q4l2-mz.121-22.EA8.bin"...
```
                                                    /注意启动的映像文件的版本

拓展训练

　　XX 公司规模扩大，因业务需要设备有所增多，一台交换机已不能满足需求，而生产大楼的每一层都有生产区和办公区，并拥有一台交换机。现要在多个交换机上实现生产区和办公区的数据独立，并保证两个区域间的通信效率，请根据所学知识和技能，拟定可行的实施方案，并在思科模拟器中实施及展示。

（1）拟采用的方法：_____。

（2）拟用设备：（　　）台（　　）交换机，（　　）台 PC。

（3）画出实验拓扑结构图（包含主要设备的端口及 IP 地址）。

（4）写出配置步骤及命令。

（5）写出测试连通性结果及分析。

课后练习

1. 使交换机从用户模式进入特权模式的命令是（　　）。

    A．enable　　　　　　B．disable　　　　　　C．exit　　　　　　　　D．logout

2. 一个 Access 端口可以属于（　　）VLAN。

    A．仅一个　　　　　　　　　　　B．最多 64 个

    C．最多 4094 个　　　　　　　　D．依据管理员设置的结果而定

3. 不属于交换机端口配置命令的是（　　）。

    A．shutdown　　　　　　　　　　B．duplex half

    C．show port-security　　　　　　D．show vlan breif

4. 交换机 Access 端口和 Trunk 端口的区别是（　　）。

    A．Access 端口只能属于一个 VLAN，而一个 Trunk 接口可以属于多个 VLAN

    B．Access 端口只能发送不带 tag 的帧，而 Trunk 端口只能发送带有 tag 的帧

    C．Access 端口只能接收不带 tag 的帧，而 Trunk 端口只能接收带有 tag 的帧

    D．Access 端口的默认 VLAN 就是它所属的 VLAN，而 Trunk 端口可以指定默认 VLAN

5. 以下关于 Hybrid 端口和 Trunk 端口说法错误的是（　　）。

    A．Hybrid 端口和 Trunk 端口在接收数据时，处理方法是一样的

    B．Hybrid 端口可以允许多个 VLAN 的报文发送时不打标签

    C．Trunk 端口只允许默认 VLAN 发送报文时不打标签。

    D．无论是接收还是发送数据，Hybrid 端口和 Trunk 端口的处理方法都是不一样的

6. 关于 VLAN 下面说法正确的是（　　）。

    A．隔离广播域

    B．相互通信要通过三层设备

    C．可以限制计算机互相访问的权限

    D．只能在同一交换机上进行主机的逻辑分组

7. 对于引入 VLAN 的二层交换机，下列说法正确的是（　　）。

    A．任何一个帧都不能从自己所属的 VLAN 被转发到其他的 VLAN 中

    B．每个 VLAN 都是一个独立的广播域

    C．每个人都不能随意地从网络上的一点，毫无控制地直接访问另一点的网络或监听整个网络上的帧

    D．VLAN 隔离了广播域，但并没有隔离各个 VLAN 之间的任何流量

8. 下列关于 VLAN 的描述中，正确的是（　　）。

    A．一个 VLAN 形成一个小的广播域，同一个 VLAN 成员都在由所属 VLAN 确定

的广播域内

B．VLAN 技术被引入网络解决方案，用于解决大型的二层网络面临的问题

C．VLAN 的划分必须基于用户地理位置，受物理设备的限制

D．VLAN 在网络中的应用增强了通信的安全性

9．下列叙述中正确的是（　　　）。

A．基于 MAC 地址划分 VLAN 的缺点是初始化时，所有的用户都必须进行配置

B．基于 MAC 地址划分 VLAN 的优点是当用户物理位置移动时，VLAN 不用重新配置

C．基于 MAC 地址划分 VLAN 的缺点是，如果 VLAN A 的用户离开了原来的端口，到了一个新的交换机的某个端口，那么就必须重新定义

D．基于子网划分 VLAN 的方法可以提高报文转发的速度

10．VLAN 的配置文件保存在交换机的哪个部件中？对应的文件名称是什么？

任务3　实现 VLAN 间的通信

任务描述

为 XX 公司解决了两个部门之间数据互不干扰的问题后，现在王总要求网络中同一部门的工作人员确保能相互直接通信，同时两个不同部门的人员之间相互也能够进行通信。但现在两个部门的生产人员、行政人员分别连接在不同的交换机上，按照王总的要求，YY 公司的技术人员要为他们设计实施方案。

学习目标

➤ 能够利用前面所学的知识，结合"知识链接"、网络资料，探究解决问题的办法。

➤ 能够与技术团队一起制定解决问题的方案。

➤ 能够向客户详细展示解决方案。

➤ 能够对交换机进行配置，使公司内部隔离的部门网络之间实现相互通信。

参考学时

8 学时

任务实施

说明：可采用角色扮演方式，实施项目教学，每组学生不超过 6 人，其中，4 名学生扮演 YY 公司网络技术员，教师扮演 XX 公司王总，2 名学生扮演 XX 公司维护人员（观察员）。

活动1.【资讯】了解三层接口的配置命令

VLAN 等同于一个物理局域网，因此不同的 VLAN 之间相对于不同的 LAN，相互之间的通信需要借助于路由才能实现。通过阅读"知识链接"、查询互联网资料，填写完成三层接口的配置命令（表 1-13）。

表 1-13　三层交换机接口的配置命令

命 令 格 式	解　释	配 置 模 式
	创建一个 VLAN 接口	_____配置模式
	删除交换机创建的 VLAN 接口	_____配置模式
	为端口指定 IP 地址	_____配置模式
	删除端口的 IP 地址	_____配置模式

实现不同局域网之间的通信，传统的方法就是借助于路由器实现，填写表 1-14。

表 1-14　单臂路由的配置命令

命 令 格 式	解　释	配 置 模 式
	创建一个以太网子接口	_____配置模式
	配置 VLAN 封装标识，封装 802.1q 标准并指定 VLAN ID	_____配置模式
	为子端口指定 IP 地址	_____配置模式
	删除子端口的 IP 地址	_____配置模式

活动 2.【计划】拟定两个区域之间的通信方式

通过技术小组的研究和讨论，可以采用＿＿＿＿＿＿＿＿＿＿方式解决两个区域之间及相同部门内的相互通信问题。

（1）拟采用的方法：＿＿＿＿＿＿＿＿＿＿＿＿＿＿＿＿＿＿＿。

其优势是：＿＿＿＿＿＿＿＿＿＿＿＿＿＿＿＿＿＿＿＿＿＿＿＿

＿＿＿＿＿＿＿＿＿＿＿＿＿＿＿＿＿＿＿＿＿＿＿＿＿＿＿＿。

（2）实现该技术的设备：＿＿＿＿＿＿＿＿＿＿＿＿＿＿＿＿。

活动 3.【决策】确定解决方案，并向客户详细展示

（1）YY 公司技术团队派代表以 PPT 方式展示解决方案，XX 公司维护人员提出问题。提出的问题：＿＿＿＿＿＿＿＿＿＿＿＿＿＿＿＿＿＿＿

（2）通过现场展示、问答和研讨，方案进行了如下修改：＿＿＿＿＿＿

＿＿＿＿＿＿＿＿＿＿＿＿＿＿＿＿＿＿＿＿＿＿＿＿＿＿＿＿＿

活动 4.【实施】带领客户的维护人员实施方案

为了验证方案的可行性，网络公司技术人员在思科模拟器中模拟实现了实施方案，同时向 XX 公司维护人员介绍，并记录到表 1-15 中。

表 1-15　VLAN 间通信实施表

步　骤	操 作 说 明

活动5.【检查】效果检查与评估

XX公司维护人员检查YY网络公司各技术员的完成情况，口头向王总汇报实施效果。双方确认项目完工，填写表1-16。

表1-16　项目验收单

项目名称		施工时间	
用户单位（甲方）		施工单位（乙方）	
工作内容及过程简述： 乙方项目负责人：　　　　日期：　　年　　月　　日			
自检情况： 乙方项目负责人：　　　　日期：　　年　　月　　日			
用户意见及验收情况： 甲方代表：　　　　日期：　　年　　月　　日			

活动6.【评价】任务评价与反馈

实施完成后，XX公司维护人员检查YY公司各技术员的项目任务完成情况，向王总汇报实施效果。双方确认项目完工情况，填写表1-17。

表1-17　YY公司技术员评价表

班级：				学号：			姓名：			日期：		
评价内容	自我评价			公司维护人员评价			王总评价					
	优秀	合格	不合格	优秀	合格	不合格	优秀	合格	不合格			
清楚解决办法												
解决方式可行												
展示详细明了												
培训过程顺利												
团队协助												
工作态度												
总体评价	（　　）优秀　　（　　）合格　　（　　）不合格											
	公司维护人员签名：　　　　　　　王总签名：											

知识链接

1. 实现VLAN间通信的方法

交换机划分VLAN之后，由于一个VLAN的单播和广播都不能进入其他VLAN，因此要想实现VLAN间通信有以下几种办法。

（1）将一个VLAN的交换机端口通过交叉线与另一个VLAN的交换机端口连接，这样可以实现两个VLAN之间的通信，但是，失去了划分VLAN的意义。

（2）通过路由器从网络层上根据IP地址，通过查找路由表，实现VLAN之间的通信，有效隔离VLAN之间的广播，但使用路由器实现要对每个数据包进行拆封和封装，通信效率比较低。

（3）通过三层交换机实现VLAN之间的高速通信，既隔离VLAN之间的广播，又能发挥交换机的高速交换能力。

2. 三层交换机

简单地说，三层交换技术就是二层交换技术+三层转发技术，它解决了局域网中网段划分之后，网段中子网必须依赖路由器进行管理的局面，解决了传统路由器低速、复杂所造成的网络瓶颈问题。

三层交换技术，也称多层交换技术，或 IP 交换技术，是相对于传统交换概念而提出的。传统的交换技术是在 OSI 网络标准模型中的第二层——数据链路层进行工作的，而三层交换技术在网络模型中的第三层实现了数据包的高速转发。

三层交换机是将二层交换机与路由器有机结合的网络设备，它既可以完成二层交换机的端口交换功能，又可完成路由器的路由功能。

第三层交换机的特征：

（1）转发基于第三层地址的业务流；

（2）完全交换功能；

（3）可以完成特殊服务，如报文过滤或认证；

（4）执行或不执行路由处理。

三层交换机主要用于中小型局域网的核心设备，或者用于大中型局域网的分布层和核心层。

3. 三层接口的配置命令

在三层交换机上，为每一个 VLAN 配置一个 VLAN 接口（第三层的接口是虚拟接口，不是物理接口），并配置好 IP 地址，作为此 VLAN 中所有计算机的网关地址。有几个 VLAN 接口就需要配置几个 VLAN 接口。这样，就可以通过三层路由让各个 VLAN 之间相互通信了。

VLAN 接口配置命令需要在全局配置模式下使用。

（1）配置 VLAN 接口：

```
Interface  VLAN接口号
```

（2）配置 IP 地址和子网掩码：

```
ip address IP地址 子网掩码
```

（3）VLAN 接口分配到 VLAN。VLAN 接口必须关联一个 VLAN，此 VLAN 必须提前配置好。

```
vlan-id 虚拟局域网号
vlan-id 1
```

4. 单臂路由的配置

单臂路由：即在路由器上设置多个逻辑子接口，每个子接口对应一个 VLAN。每个子接口的数据在物理链路上传递都要标记封装，可以在一条物理链路转发多个 VLAN 的数据。

（1）创建以太网子接口：

```
Interface FastEthernet 子接口号
```

（2）封装子接口：

```
encapsulation dot1Q VLAN ID
```

（3）配置子接口 IP 地址和子网掩码：

```
ip address IP地址 子网掩码
```

拓展训练

XX 公司的维护人员希望能运用另一种方式进行 VLAN 间的通信，请将拓扑图及配置命令等（如说明书方式）列出，以方便他们开展维护工作。

（1）拟采用的技术：_____。

（2）拟用设备：_____。

（3）画出你的实验拓扑结构图（包含主要设备的端口及 IP 地址）。

（4）配置步骤及命令：_____。

课后练习

1. 在局域网内使用 VLAN 所带来的好处是（   ）。

    A．局域网的容量可以扩大

    B．可以通过部门等将用户分组，打破了物理位置的限制

    C．广播可以得到控制

    D．可以简化网络管理员的配置工作量

2. 对于在三层交换机的 VLAN，说法正确的是（   ）。

    A．一个三层交换机划分多个 VLAN，在配置 VLAN 路由接口时不同 VLAN 路由接口的 IP 地址是可以配置成一个网段的

    B．一台交换机连接两台主机，这两个主机分别在不同的 VLAN 里，因为 VLAN ID 不同，所以这两台主机是不能通信的

    C．三层交换机的一个 VLAN ID 有一个对应的 MAC 地址

    D．三层交换机的一个路由接口有一个对应的 MAC 地址

3. 下列关于 VLAN 虚接口的叙述中正确的是（   ）。

    A．如果要给 VLAN 配置一个 IP 地址，则需要为此 VLAN 创建一个虚接口

    B．配置 VLAN 虚拟路由接口的命令模式为 VLAN 配置模式

    C．配置命令中虚接口号不需要与 VLAN ID 相同

    D．对于没有创建的 VLAN 也可以配置虚接口

4. 下列关于配置端口 PVID 的描述中，正确的是（   ）。

    A．干道链路和接入链路都可以配置 PVID

    B．只有存在的 VLAN 可以配置为端口的 PVID

    C．设置端口的 PVID 的命令模式为全局模式

    D．当取消一个端口的干道链路属性时，此端口被加入原 PVID 所指定的 VLAN 中

5. 下面可以正确地为 VLAN10 定义一个子接口的命令是（   ）。

    A．Router（config-if）#encapsulation dot1q 10

    B．Router（config-if）#encapsulation dot1q vlan 10

    C．Router（config-subif）#encapsulation dot1q 10

    D．Router（config-subif）#encapsulation dot1q vlan 10

6. 三层交换机比路由器经济高效，但三层以太网交换机不能完全取代路由器的原因是（   ）。

    A. 路由器可以隔离广播风暴

    B. 路由器可以节省 MAC 地址

    C. 路由器可以节省 IP 地址

    D. 路由器路由功能更强大，更适合于复杂网络环境

7. VLAN 之间通过路由器通信，正确的说法是（　　　）。

    A. VLAN 之间通过路由器通信可能会破坏划分 VLAN 所达到的广播隔离的目的

    B. VLAN 之间通过路由器通信时，主机需要配置网关地址，这个地址应该是路由器的一个路由接口地址，而不是所连接二层交换机的地址

    C. 分别连接在两个不同 VLAN 中的主机的 ARP 表中有对方 IP 地址与 MAC 地址的映射表项，因为 ARP 请求是广播发送的，其他所有主机都可以得到请求，对方主机一定有回应

    D. 以上说法都不正确

8. 以下说法不正确的是（　　　）。

    A. 三层交换机使用最长地址掩码匹配的方法实现快速查找

    B. 三层交换机使用精确地址匹配的方法实现快速查找

    C. 在 VLAN 指定路由接口的操作实际上就是为 VLAN 指定一个 IP 地址、子网掩码和 MAC 地址，只有在给一个 VLAN 指定了 IP 地址、子网掩码和 MAC 地址后（MAC 地址不需要手工配置），该 VLAN 虚接口才成为一个路由接口

    D. 路由器的路由接口与端口是一对一的关系，而三层交换机的路由接口与端口是一对多的关系

9. 关于不同 VLAN 之间的通信的说法正确的是（　　　）。

    A. 一个二层交换机被划分为两个 VLAN，这两个 VLAN 之间是可以通信的

    B. 一个三层交换机被划分为两个 VLAN，两个 VLAN 之间要通信，必须给这两个 VLAN 配置 IP 地址

    C. 对于三层交换机，分别连接两个不同 VLAN 的主机的 ARP 表中有对方 IP 地址与 MAC 地址的映射表项，这样这两台主机才能够通信

    D. 不同 VLAN 之间通过路由器通信，路由器在这里所起的作用只是转发数据包

10. 以下关于三层交换和路由器的关系描述不正确的是（　　　）。

    A. 三层交换和路由器实现逻辑上完全相同的功能

    B. 三层交换机通过硬件实现查找和转发

    C. 传统路由器通过硬件实现查找和转发

    D. 三层交换机的转发路由表与路由器一样，需要软件通过路由协议来建立和维护

11. 下面关于单臂路由描述不正确的是（　　　）。

    A. 单臂路由利用一个路由端口可以实现多个 VLAN 间路由，对于路由端口的使用效率更好

    B. 与 SVI 方式实现 VLAN 间路由相比，限制了 VLAN 网络的灵活部署

    C. 在配置单臂路由时，可以在各子端口上封装 802.1q 协议，也可以不封装 802.1q 协议

    D. 多个 VLAN 的流量都要通过一个物理端口转发，容易在此端口形成网络瓶颈

12. 当源站点与目的站点通过一个三层交换机连接，而它们不在同一个 VLAN 里时，源站点要向目的站点发送数据，必需的操作是（　　）。

    A．两个主机都要配置网关地址　　　　B．两个 VLAN 都要配置 IP 地址

    C．两个 VLAN 必须配置路由协议　　　D．两个主机必须获得对方的 VLAN ID

13. 源站点与目的站点通过一个三层交换机连接，下面说法不正确的是（　　）。

    A．三层交换机解决了不同 VLAN 之间的通信

    B．源站点的 ARP 表中一定要有目的站点的 IP 地址与 MAC 地址的映射表，否则源站点不知道目的站点的 MAC 地址，无法封装数据，也无法通信

    C．当源站点与目的站点不在一个 VLAN 时，源站点的 ARP 表中是没有目的站点的 IP 地址与 MAC 地址的映射表的，而有网关 IP 地址与网关的 MAC 地址映射表项

    D．同一 VLAN 里的主机不能通信

任务 4　　接入 Internet

任务描述

解决了同一部门工作人员、两个部门的人员之间的相互通信问题后，王总要求公司的网络能够接入互联网，方便业务的开展及公司的宣传工作。按照王总的要求，YY 公司网络部的技术人员要为他们设计实施方案。

学习目标

➢ 能够利用前面所学的知识，结合"知识链接"、网络资料，探究解决问题的办法。

➢ 能够与技术团队一起制定解决问题的方案。

➢ 能够向客户详细展示解决方案。

➢ 能够实现与 Internet 的互连，使公司网络接入互联网。

参考学时

4 学时

任务实施

说明：可采用角色扮演方式，实施项目教学，每组学生不超过 6 人，其中，4 名学生扮演 YY 公司网络技术员，教师扮演 XX 公司王总，2 名学生扮演 XX 公司维护人员（观察员）。

活动 1.【资讯】了解 Internet 接入的方式

接入 Internet 是所有单位网络的普遍目标。通过阅读"知识链接"、查询互联网资料，填写表 1-18。

表 1-18 Internet 接入方式

接 入 方 式	工 具 准 备	运 用 场 合

活动 2.【计划】拟定接入 Internet 的方式

通过技术小组的研究和讨论，可以采用＿＿＿＿＿＿＿＿＿＿方式接入 Internet。

（1）拟采用的方法：＿＿＿＿＿＿＿＿＿＿＿＿＿＿＿＿＿。

其优势是：＿＿＿＿＿＿＿＿＿＿＿＿＿＿＿＿＿＿＿＿

＿＿＿＿＿＿＿＿＿＿＿＿＿＿＿＿＿＿＿＿＿＿＿。

（2）实现该技术的设备：＿＿＿＿＿＿＿＿＿＿＿＿＿。

（3）实现该技术所需要的资金预算：＿＿＿＿＿＿＿＿。

活动 3.【决策】确定解决方案，并向客户详细展示

（1）YY 公司技术团队派代表以 PPT 方式展示解决方案，XX 公司维护人员提出问题。

提出的问题：＿＿＿＿＿＿＿＿＿＿＿＿＿＿＿＿＿＿＿

（2）通过现场展示、问答和研讨，方案进行了如下修改：

＿＿＿＿＿＿＿＿＿＿＿＿＿＿＿＿＿＿＿＿＿＿＿＿＿＿

＿＿＿＿＿＿＿＿＿＿＿＿＿＿＿＿＿＿＿＿＿＿＿＿＿＿

＿＿＿＿＿＿＿＿＿＿＿＿＿＿＿＿＿＿＿＿＿＿＿＿＿＿

活动 4.【实施】带领客户的维护人员实施方案

网络公司技术支持人员在宽带路由器中实现接入 Internet，同时向 XX 公司维护人员介绍配置方法，并记录到表 1-19 中。

表 1-19 宽带路由接入 Internet

步 骤	配 置

活动 5.【检查】效果检查与评估

XX 公司维护人员检查 YY 网络公司各技术员的完成情况，口头向王总汇报实施效果。双方确认项目完工，填写表 1-20。

表 1-20 项目验收单

项目名称			施工时间	
用户单位（甲方）			施工单位（乙方）	
工作内容及过程简述：				
乙方项目负责人：	日期：	年 月 日		
自检情况：				
乙方项目负责人：	日期：	年 月 日		
用户意见及验收情况：				
甲方代表：	日期：	年 月 日		

活动 6.【评价】任务评价与反馈

实施完成后，XX 公司维护人员检查 YY 公司各技术员的项目任务完成情况，向王总汇报实施效果。双方确认项目完工情况，填写表 1-21。

表 1-21 YY 公司技术员评价表

班级：				学号：			姓名：			日期：		
评价内容	自我评价			公司维护人员评价			王总评价					
	优秀	合格	不合格	优秀	合格	不合格	优秀	合格	不合格			
清楚解决办法												
解决方式可行												
展示详细明了												
培训过程顺利												
团队协助												
工作态度												
总体评价	（　　）优秀　　（　　）合格　　（　　）不合格											
	公司维护人员签名：　　　　　　　王总签名：											

知识链接

1. Internet 接入方法

Internet 是世界上最大的广域网，接入 Internet 的方式有很多种，常见的主要有：个人接入、拨号接入、专线接入、无线接入和宽带接入等。

2. 宽带路由器

宽带路由器一般通过连接宽带调制解调器如 ADSL、Cable MODEM 的以太网口接入 Internet，也支持与运营商宽带以太网接入的直接连接，当然也支持其他任何如 DDN 转换成以太网接口形式后的连接，并支持路由协议，如静态路由、RIP、RIPv2 等。宽带路由器的主要功能的实现来自以下三方面。

1）内置 PPPoE

在宽带数字线上进行拨号，不同于模拟电话线上用调制解调器的拨号，其一般采用专门的协议（Point-to-Point Protocol over Ethernet，PPPoE），拨号后直接由验证服务器进行检验，用户须输入用户名与密码，检验通过后就建立起一条高速的用户通道，并分配相应的动态 IP。宽带路由器或带路由的以太网接口 ADSL 等都内置有 PPPoE 虚拟拨号功能，可以方便地替代手工拨号接入宽带。

2）DHCP 服务器

宽带路由器都内置有 DHCP 服务器的功能和交换机端口，便于用户组网。DHCP 是 Dynamic Host Configuration Protocol（动态主机分配协议）的缩写，该协议允许服务器向客户端动态分配 IP 地址和配置信息。

3）NAT 功能

宽带路由器一般利用网络地址转换功能（NAT）以实现多用户的共享接入，NAT 比传统的采用代理服务器 Proxy Server 方式具有更多的优点。NAT（网络地址转换）提供了连接互联网的一种简单方式，并且通过隐藏内部网络地址的手段为用户提供了安全保护。

内部网络用户（位于 NAT 服务器的内侧）连接互联网时，NAT 将用户的内部网络 IP 地址转换成一个外部公共 IP 地址（存储于 NAT 的地址池），当外部网络数据返回时，NAT 则反向将目标地址替换成初始的内部用户的地址来让内部网络用户接受。

3. 宽带接入

（1）进行 ADSL 设备连接的 MODEM，俗称"猫"，将电话线插入电话线（ADSL）接口，然后将一根网线的一头插入网线（Ethernet）接口，另一头插入宽带路由器的 WAN 口。

（2）用另一根网线，一头插入路由器其中的一个 LAN 口，另一头插入计算机的网卡接口。

（3）打开计算机，并打开浏览器，在浏览器地址栏中输入路由器的 IP 地址。弹出如图 1-7 所示的宽带路由器的首页，在该页面中输入 ISP 提供的宽带用户名及宽带密码，有无线功能的路由器还需要自行设置无线密码。

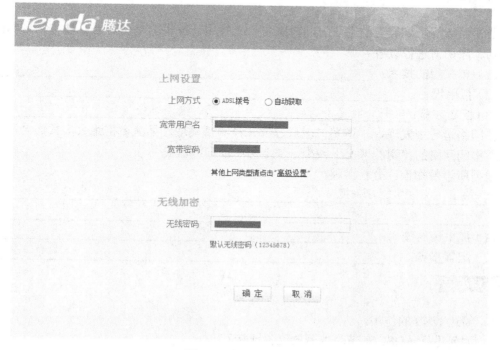

图 1-7 宽带路由器首页

（4）输入用户名及密码，点击"确定"，宽带路由器连接成功后，弹出如图 1-8 所示的页面，该页面左侧是该路由器的设置选项，而中间是路由器的连接状态。

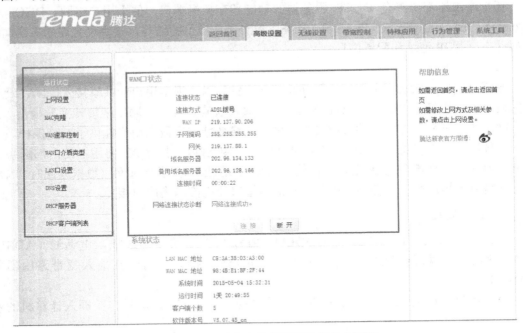

图 1-8　宽带路由器的设置及连接状态页面

（5）使用 ping 命令或打开浏览器进行连接性测试。

拓展训练

公司希望周一到周五的上班时间内禁止员工使用计算机上外网，但经理与销售部门不受限制。应如何进行设置？

（1）拟采用的技术：_____。

（2）拟用设备：_____。

（3）配置步骤：_____。

在网络运行中发现，干道端口流量过大，经测试发现广播流占据绝大多数，公司希望能在不影响网络的使用的情况下减少干道链路中的广播流。

根据所学的知识，分析原因：

_____

_____

（1）拟采用的技术：_____。

（2）配置步骤：_____。

课后练习

1．简述 DNS 的作用。

2．如何进行 ADSL 宽带路由器的设备连接？

3．如何通过宽带路由器接入 Internet？

项目二

网络服务与应用

项目情景

XX 公司的办公大楼、生产大楼和宿舍楼网络已实现互通。随着公司规模的不断扩大，王总要求技术人员尽量减少网络管理的工作量和复杂度，并且对外提供 Web 服务以宣传公司及产品，对内提供公共文件共享服务和电子邮件服务，在部门内部能够提供网络打印服务。

学习目标

专业能力

➢ 能够安装并配置 DHCP 服务器，并配置 DHCP 客户机。

➢ 能够搭建 DHCP 中继代理，并完成多个子网中的 DHCP 客户机的验证。

社会能力

➢ 能够与技术团队一起制定解决问题的方案。

➢ 能够向客户详细展示解决方案。

➢ 能够对客户的维护人员进行培训。

方法能力

➢ 能够利用前面所学的知识，结合"知识链接"、Windows 帮助文档、网络资料，探究解决问题的办法。

任务 1 搭建 DHCP 服务器

任务描述

由于 XX 公司的规模扩大，公司内笔记本电脑不断增多，职工移动办公的情况越来越多，计算机位置经常变动，采用静态 IP 地址分配加大了网络日常管理的工作量，采用静态 IP 配置还有可能导致 IP 地址盗用等问题。为了减少网络管理的工作量和复杂度，公司的网络部门经理要求配置 DHCP（动态主机配置服务）服务器，以减少网络维护的工作量，从而提高工作效率。

学习目标

➤ 能够利用前面所学的知识，结合"知识链接"、Windows 帮助文件和网络资料，探究解决问题的办法。
➤ 能够与技术团队一起制定解决问题的方案。
➤ 能够向客户详细展示解决方案。
➤ 能安装并配置 DHCP 服务器，以及进行 DHCP 服务器的维护。

参考学时

8 学时

任务实施

说明：可采用角色扮演方式，实施项目教学，每组学生不超过 6 人，其中，4 名学生扮演 YY 网络部门技术员，教师扮演 XX 公司王总，2 名学生扮演 XX 公司维护人员（观察员）。

活动 1.【资讯】清楚 DHCP 的作用及工作原理

通过阅读"知识链接"、查询互联网资料，填写手动配置 IP 地址和自动分配 IP 地址的优缺点，见表 2-1。

表 2-1　IP 地址配置方式的区别

类别	手动配置 IP	自动分配 IP
概念	由系统管理员在每一台计算机上_____设置的的 IP 地址称为_____IP 地址	计算机在开机时_____的 IP 地址，称为_____地址
配置方式	必须在每一个客户机上_____输入 IP 地址_____	DHCP_____为 DHCP_____自动提供所有必要的_____信息
优缺点	可能输入_____的 IP 地址	可以确保网络客户机使用_____的配置信息，_____管理员的维护工作量
	用了_____的 IP 地址可能导致_____问题	提高了 IP 地址的_____，缓解 IP 地址_____的问题
	计算机频繁地在_____移动，也会_____对网络进行日常管理所需要的开销	DHCP 还_____客户机配置信息，以反映网络结构的变化

DHCP 的工作原理主要包括四个环节：

（1）_____请求 IP 地址。
（2）_____响应。
（3）_____选择 IP 地址。
（4）_____确认租约。

此外，我还了解到：

客户机从 DHCP 服务器获取的 TCP/IP 配置信息的默认租期为_____天。为了延长使用期，DHCP 客户机需要更新租约，更新方法有两种：_____和_____。

活动2.【计划】拟定 IP 地址冲突或设置错误的解决方式

通过技术小组的研究和讨论，可以采用_____方式解决 IP 地址冲突或者设置错误的问题。

（1）其优势是：_____

_____

（2）实现该技术的设备：_____。

活动3.【决策】确定解决方案，并向客户详细展示

（1）YY 公司技术团队派代表以 PPT 方式展示解决方案，XX 公司维护人员提出问题。提出的问题：_____

（2）通过现场展示、问答和研讨，方案进行了如下修改：

_____

_____

活动4.【实施】带领客户的维护人员实施方案

通过前述确定的解决方案，YY 公司网络部门技术人员会同 XX 公司维护人员实施 DHCP 服务器搭建，并记录实施步骤到图 2-1 中。

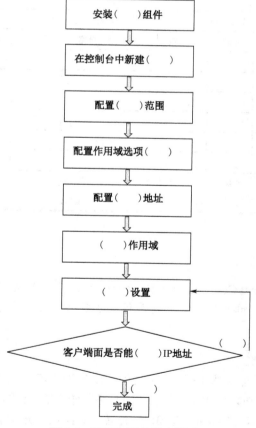

图 2-1　DHCP 服务器配置流程

活动5.【检查】效果检查与评估

XX 公司维护人员检查 YY 公司各技术员的完成情况，口头向王总汇报实施效果。双

方确认项目完工，填写表 2-2，对项目进行验收。

表 2-2 项目验收单

项目名称		施工时间	
用户单位（甲方）		施工单位（乙方）	
工作内容及过程简述： 乙方项目负责人：		日期：　　年　　月　　日	
自检情况： 乙方项目负责人：		日期：　　年　　月　　日	
用户意见及验收情况： 甲方代表：		日期：　　年　　月　　日	

活动 6.【评价】任务评价与反馈

实施完成后，XX 公司维护人员检查 YY 公司各技术员的项目任务完成情况，向王总汇报实施效果。双方确认项目完工情况，填写表 2-3。

表 2-3 YY 公司技术员评价表

班级：				学号：			姓名：			日期：	
评价内容	自我评价			公司维护人员评价			王总评价				
	优秀	合格	不合格	优秀	合格	不合格	优秀	合格	不合格		
清楚解决办法											
解决方式可行											
展示详细明了											
实施过程顺利											
团队协助											
工作态度											
总体评价	（　　）优秀　　（　　）合格　　（　　）不合格 公司维护人员签名：　　　　　　王总签名：										

知识链接

1. DHCP 的概念

DHCP 是 Dynamic Host Configuration Protocol（动态主机配置协议）的缩写，DHCP 服务器为客户端计算机自动分配 TCP/IP 配置信息（如 IP 地址、子网掩码、默认网关和 DNS 服务器地址等）。

2. DHCP 的工作原理

客户机向 DHCP 服务器请求 IP 地址的过程可以分为 4 步，如图 2-2 所示。

（1）客户端发出 DHCPDISCOVER 报文，向网络发送广播，在网络内搜寻 DHCP 服务器。

（2）服务器接收到 DHCPDISCOVER 报文后，从自己的地址池中选择一个没有被分配的 IP 地址分给客户端，然后向客户端发送包含出租 IP 地址和其他配置的 DHCPOFFER 报文。

（3）DHCP 客户端选择 IP 地址，如果有多台 DHCP 服务器向该客户端发来 DHCPOFFER

报文，客户端只接收第一个收到的 **DHCPOFFER** 报文，然后以广播的方式向各个 DHCP 服务器回应 **DHCPREQUEST** 报文，该信息中包含向选定 DHCP 服务器请求 IP 地址的内容。

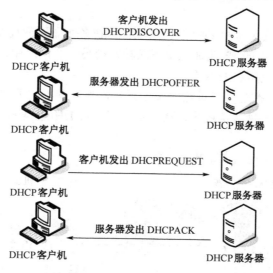

图 2-2　DHCP 的工作原理

（4）当 DHCP 服务器收到客户端回应的 **DHCPREQUEST** 报文后，便向客户端发送包含它所提供的 IP 地址和其他配置的 **DHCPACK** 确认报文。然后客户端将其 **TCP/IP** 组件与网卡绑定。

3. DHCP 客户机租约的更新

客户机从 DHCP 服务器获取的 **TCP/IP** 配置信息的默认租期为 8 天（可以调整）。为了延长使用期，DHCP 客户机需要更新租约，更新方法有以下两种。

1）自动更新

● 在客户机租期达到 50%时

● 租期达到 87.5%时

● 如果租约过期或一直无法与任何 DHCP 服务器通信，DHCP 客户机将无法使用现有的地址租约。

2）手动更新

● 释放租约命令为：ipconfig /release

● 租约更新命令为：ipconfig /renew

4. DHCP 中继代理

规模较大的局域网常被划分成多个不同类型的子网，以便根据不同子网的工作要求来实现个性化的管理。由于 DHCP 在分配 IP 地址时均使用广播通信，而连通各子网的路由器并不会转发广播消息，因此默认情况下，一个子网中的 DHCP 服务器将无法为其他子网中的 DHCP 客户机分配 IP 地址。解决方法如下。

（1）在每个子网中分别配置一台 DHCP 服务器。缺点：网络数量较多时，要配置较多的 DHCP 服务器，增加工作负担。

（2）使用 RFC1542 路由器。优点：使用数量较少的 DHCP 服务器可以集中为多个网络中的客户机分配 IP 地址。缺点：会把 DHCP 的广播信息扩散到多个网络中，造成网络性能下降。

（3）在一个子网中安装一台 DHCP 服务器，再在各个子网间配置 DHCP 中断代理。优点：既可把 DHCP 客户机的 IP 地址租用请求转发给另一个网络中的 DHCP 服务器，又可把广播流量限制在客户机所在的网络。

所谓"中继代理"，就是以点对点的单播方式，为处于不同子网的客户机与 DHCP 服务器之间中转消息包的一种特殊程序，从而实现用一台 DHCP 服务器，为多个子网分发 IP 地址的目的。

DHCP 中继代理的工作过程如图 2-3 所示。

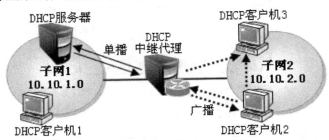

图 2-3　DHCP 中继代理的工作过程

● 子网 2 中的 DHCP 客户机 2 请求 IP 地址租约。

● DHCP 中继代理接收后，在约定的时间内没有 DHCP 服务器的响应消息，则将客户机 2 的消息以点到点的单播方式转发到预先设定的子网 1 中的 DHCP 服务器。

● 子网 1 中的 DHCP 服务器收到中继代理转发消息后，处理 IP 地址租约，并以点到点的单播方式向 DHCP 中继代理发送一个 DHCP 响应信息包。

● DHCP 中继代理将响应信息包广播到子网 2。

● 子网 2 中的 DHCP 客户机 2 从响应信息包中选择 IP 地址，并发送回应信息至中继代理。

● 中继代理确认租约。

● 子网 2 中的 DHCP 客户机 2 就从中获得了 IP 地址并与网络上的其他计算机进行通信。

注：实现中继代理功能的设备可以是符合 RFC1542 规定的路由器或三层交换机，也可以是一台提供代理程序的 Windows Server 2003 服务器。

5．子网划分

网络中的每一个主机或路由器至少有一个 IP 地址，一个完整的 IP 地址由 4 字节，即 32 位二进制数组成。为了方便用户配置使用，通常将每 8 位分为一组，然后单独转换为十进制整数，每组十进制整数之间用点号分隔开，这种表示方法称为点分十进制标记法。从地址本身的功能看，IP 地址是由网络号（net ID）与主机号（host ID）两部分组成的，如图 2-4 所示。

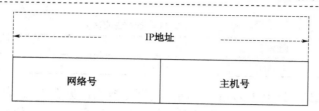

图 2-4　DHCP 中继代理工作过程

1）IP 地址的分类

IP 地址中的前 5 位用于标识 IP 地址的类别，根据不同的取值范围，IP 地址可以分为五类，如图 2-5 所示。

- A 类用于大型网络（能容纳网络 126 个，主机 1677214 台）。
- B 类用于中型网络（能容纳网络 16384 个，主机 65534 台）。
- C 类用于小型网络（能容纳网络 2097152 个，主机 254 台）。
- D 类用于组播（多目的地址的发送）。
- E 类用于实验。

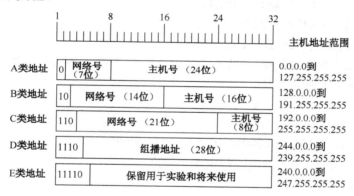

图 2-5　IP 地址分类

2）子网划分

如果一个公司得到一个 C 类 IP 地址，那么它可以在一个单独的网络中为 254 个主机与路由器分配 IP 地址。但是中小型企业因为业务需要，往往会有多个部门，为了能更有效地管理网络，同时提高网络的安全性，需要为每一个部门分配一个独立的网络地址。通常采用对所选择的 IP 地址进行子网划分的方法解决为多个部门分配独立网段的问题。

子网划分就是将原本选择的 IP 地址的主机号部分重新划分成子网号和主机号，从而满足对内部的不同部门分配相对独立的网段的需求。

子网掩码的作用则是分析 IP 地址的前多少位是网络地址，后多少位（剩余位）是主机地址，判断任意两个 IP 地址是否处于同一网段。

例如：有两台主机，主机 A 的 IP 地址为 222.21.160.8，子网掩码为 255.255.255.192，主机 B 的 IP 地址为 222.21.160.76，子网掩码为 255.255.255.192。现在主机 A 要给主机 B 发送数据，先要判断两个主机是否在同一网段。

C 类地址默认的网络掩码见表 2-4。

表2-4　C类默认的网络掩码

←	网络号	→	← 主机号 →
11111111	11111111	11111111	00000000

子网掩码 255.255.255.192 为划分子网后的网络掩码，见表 2-5。从中可以看出子网划分后的 IP 地址的子网号有 2 位，主机号有 6 位，其结构应该为：2 位的子网号表示该网段允许有 4（2^2）个子网，6 位的主机号表示每个子网上可以有 64（2^6）台主机。

表2-5　划分子网后的掩码

←	网络号	→	← 子网号 →	← 主机号 →
11111111	11111111	11111111	11	000000

判断主机 A 和主机 B 是否在同一网段有两种方法，方法一如下。

使用在以上子网划分的方案中，该主机网络可用的 IP 地址如下。

子网 1：222.21.160.0～222.21.160.63

子网 2：222.21.160.64～222.21.160.127

子网 3：222.21.160.128～222.21.160.191

子网 4：222.21.160.192～222.21.160.255

由此可以看出主机 A 的 IP 地址为 222.21.160.8，属于子网 1；主机 B 的 IP 地址为 222.21.160.76，属于子网 2。

方法二如下。

主机 A：

222.21.160.8 即：11011110.00010101.10100000.00001000

所属子网：11011110.00010101.10100000.00000000

网络地址：222.21.160.0

主机 B：

222.21.160.76 即：11011110.00010101.10100000.01001100

所属子网：11011110.00010101.10100000.01000000

网络地址：222.21.160.64

因此可判断两台主机不属于同一子网。

拓展训练

假如 XX 公司规模扩大，原来的办公大楼、生产大楼和宿舍楼等的 IP 地址不足，为了减少网络管理的工作量和复杂度，请你制定一个解决方案。并阐述你的理由（后面可能会增加楼里的计算机数量）。

（1）采用：_____技术。

（2）能实现该技术的设备有：_____。

你采用_____设备，理由：_____。

（3）拟用设备：_____台，_____个，_____个。

（4）拟划分_____个子网，IP 地址规划表：

（5）请写出各个设备的实施步骤。

C 课后练习

1. 使用 DHCP 服务器的好处是（　　）。
   A. 降低 TCP/IP 网络的配置工作量
   B. 增加系统安全与依赖性
   C. 对于经常变动位置的工作站，DHCP 能迅速更新位置信息。
   D. 以上都是

2. 当 DHCP 客户机使用 IP 地址的时间达到目的租约的（　　）时，DHCP 客户机会自动尝试续订租约。
   A. 87.5%　　　　　B. 50%　　　　　C. 80%　　　　　D. 90%

3. 在使用 DHCP 服务时，当客户机租约使用时间超过 50% 时，客户机会向服务器发送（　　）数据包，以更新现有的地址租约。
   A. DHCPDISCOVER　　　　　B. DHCPOFFER
   C. DHCPREQUEST　　　　　D. DHCPACK

4. （　　）命令手工更新 DHCP 客户机的 IP 地址。
   A. ipconfig　　　B. ipconfig/all　　　C. ipconfig/renew　　D. ipconfig/release

5. 基于安全的考虑，在域中安装 DHCP 服务器后，必须经过（　　）才能正常提供 DHCP 服务。
   A. 创建作用域　　　　　B. 配置作用域选项
   C. 授权 DHCP 服务器　　　　　D. 激活作用域

6. 关于 IP 地址作用域，以下说法不正确的是（　　）。
   A. 在同一台 DHCP 服务器上，针对同一网络 ID 号只能建立一个作用域
   B. 在同一台 DHCP 服务器上，针对不同网络 ID 号可以分别建立多个不同的作用域
   C. 在同一台 DHCP 服务器上，针对同一网络 ID 号可以建立多个不同的作用域
   D. 在不同的 DHCP 服务器上，针对同一网络 ID 号可以分别建立多个不同的作用域

7. DHCP 中继代理的功能是（　　）。
   A. 可以帮助没有 IP 地址的客户机跨网段获得 IP
   B. 可以帮助有 IP 地址的客户机跨网段获得 IP
   C. 可以帮助没有 IP 地址的客户机在本网段获得 IP
   D. 可以帮助有 IP 地址的客户机跨网段注册 IP

8. 主机 IP 地址为 193.32.5.22，掩码为 255.255.255.192，子网地址是（　　）。
   A. 193.32.5.22　　B. 193.32.0.0　　C. 193.32.5.0　　D. 0.0.5.22

9. 把网络 202.112.78.0 划分为多个子网（子网掩码是 255.255.255.192），则各子网中可用的主机地址总数是（　　）。
   A. 64　　　　　B. 128　　　　　C. 126　　　　　D. 62

10. 对地址段 212.114.20.0/24 进行子网划分，采用/27 子网掩码的话，可以得到（　　）个子网，每个子网拥有（　　）台主机。
    A. 6　　　32　　　B. 8　　　32　　　C. 4　　　30　　　D. 8　　　30

11．在 DHCP 服务的网络中，现有的客户机自动分配的 IP 地址不属于 DHCP 地址池范围，而是在 169.254.0.1~169.254.255.254，可能的原因有哪些？

12．如图 2-6 所示的 IP 地址分配结果是什么原因造成的？

```
物理地址. . . . . . . . . . . . . : 00-50-56-C0-00-01
DHCP 已启用 . . . . . . . . . . . : 是
自动配置已启用. . . . . . . . . . : 是
本地链接 IPv6 地址. . . . . . . . : fe80::c09c:e3f8:c9ea:dc13%12(首选)
自动配置 IPv4 地址 . . . . . . . . : 169.254.220.19(首选)
子网掩码 . . . . . . . . . . . . : 255.255.0.0
默认网关. . . . . . . . . . . . . :
```

图 2-6　IP 地址分配

任务2　搭建 Web 服务器

任务描述

XX 公司为了宣传企业形象、推介产品和服务、开展网上业务活动，需要建立自己的多功能 WWW 网站，并采取相应措施保护网站安全运行。现将搭建 Web 服务器的项目交给 YY 系统集成公司负责实施。

学习目标

➢ 能够利用前面所学的知识，结合"知识链接"、Windows 帮助文件和网络资料，探究解决问题的办法。

➢ 能够与技术团队一起制定解决问题的方案。

➢ 能够向客户详细展示解决方案。

➢ 能安装"Web 服务器"，并配置 Web 服务器，以及对 Web 服务器进行维护。

参考学时

12 学时

任务实施

说明：可采用角色扮演方式，实施项目教学，每组学生不超过 6 人，其中，4 名学生扮演 YY 网络部门技术员，教师扮演 XX 公司王总，2 名学生扮演 XX 公司维护人员（观察员）。

活动 1.【资讯】清楚 Web 的工作原理及主流软件

通过阅读"知识链接"、查询互联网资料，明确手动配置 IP 地址和自动分配 IP 地址的优缺点，分析 Web 服务器采用静态 IP 地址和动态 IP 地址的区别。

（1）WWW 是＿＿＿＿＿＿＿＿＿＿的缩写，中文名为＿＿＿＿＿＿＿，通过 HTTP（超文本传输协议），可以传输 ＿＿＿＿＿、＿＿＿＿＿、＿＿＿＿＿、＿＿＿＿＿＿、＿＿＿＿＿＿等多种信息。

（2）客户端（浏览器）和 Web 服务器建立_____连接，然后向_____发出访问请求，_____将页面返回到客户端。

（3）主流的 WWW 服务器软件有_____、_____。

活动 2.【计划】配置一个基本 Web 站点，配置虚拟目录，在一台主机搭建多个 Web 站点

（1）安装好 IIS 后，利用系统自动建立的_____就可以创建自己的网站。

（2）如果网页文件的物理存储位置不在网站主目录之下，但逻辑上归属于网站的文件夹称为_____。

（3）通过技术小组的研究和讨论，可以采用_____、_____、_____方式在一台主机搭建多个 Web 站点。

活动 3.【决策】确定解决方案，并向客户详细展示

（1）YY 公司技术团队派代表以 PPT 方式展示解决方案，XX 公司维护人员提出问题。提出的问题：_____

（2）通过现场展示、问答和研讨，方案进行了如下修改：

_____

_____

活动 4.【实施】带领客户的维护人员实施方案

YY 公司网络部门技术人员向 XX 公司相关人员展示 Web 服务器的搭建流程和配置要点，如图 2-7 所示。同时会同 XX 公司的网络维护人员实施 Web 服务器的搭建。

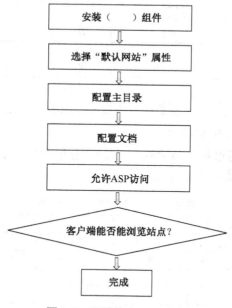

图 2-7　配置基本 web 站点

为了配置公司不同产品的 Web 站点，在 Web 服务器采用了虚拟主机技术，虚拟目录的配置过程如图 2-8 所示。

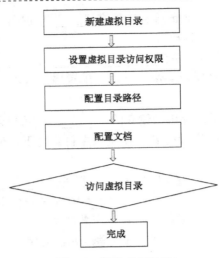

图 2-8 配置虚拟目录

活动 5.【检查】效果检查与评估

XX 公司维护人员检查 YY 公司各技术员的完成情况，口头向王总汇报实施效果。双方确认项目完工，填写表 2-6，验收 Web 服务器。

表 2-6 项目验收单

项目名称		施工时间	
用户单位（甲方）		施工单位（乙方）	
工作内容及过程简述： 乙方项目负责人：	日期： 年 月 日		
自检情况： 乙方项目负责人：	日期： 年 月 日		
用户意见及验收情况： 甲方代表：	日期： 年 月 日		

活动 6.【评价】任务评价与反馈

实施完成后，XX 公司维护人员检查 YY 公司各技术员的项目任务完成情况，向王总汇报实施效果。双方确认项目完工情况，填写表 2-7。

表 2-7 YY 公司技术员评价表

班级：			学号：			姓名：			日期：		
评价内容	自我评价			公司维护人员评价			王总评价				
	优秀	合格	不合格	优秀	合格	不合格	优秀	合格	不合格		
清楚解决办法											
解决方式可行											
展示详细明了											
实施过程顺利											
团队协助											
工作态度											
总体评价	（ ）优秀 （ ）合格 （ ）不合格 公司维护人员签名： 王总签名：										

知识链接

1. Web 服务运行机制

Web 服务器也称 WWW（World Wide Web）服务器，主要功能是提供网上信息浏览服务。WWW 是 Internet 的多媒体信息查询工具，主要为用户提供文字、图片、动画和音视频等多媒体服务，是 Internet 发展最快和目前用得最广泛的服务。正是因为有了 WWW 工具，才使得近年来 Internet 迅速发展，且用户数量飞速增长。Web 服务的工作原理如图 2-9 所示。

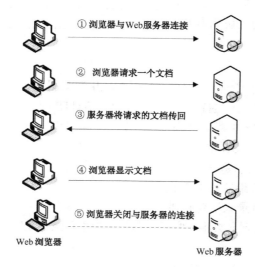

图 2-9　Web 服务工作原理

2. Web 服务器解决方案

1）Web 服务器软件选择原则

第一，考虑网站规模和用途。

第二，是否选择商业软件。

第三，考虑操作系统平台。

第四，考虑对 Web 应用程序的支持。

2）Web 服务器软件类型

免费 Web 服务器软件：如在 UNIX 和 Linux 平台下使用最广泛的 Apache 和 Nginx 服务器。

商业 Web 服务器软件：如 Windows 下的 IIS。

3）IIS（Internet 信息服务器）

IIS 服务器包括 WWW、FTP、SMTP 等服务。

3. 虚拟目录的应用

（1）虚拟目录用于网站目录管理。

（2）虚拟目录作为网站的一个组成部分，相当于其子网站。

（3）利用虚拟目录可为多个部门或用户提供主页发布功能。

4. 虚拟目录的特点

（1）虚拟目录的别名通常比目录的路径名短，使用起来更方便。

（2）更安全，因为用户不知道文件是否真的存在于服务器上。

（3）可以更方便地移动和修改网站中的目录结构。

拓展训练

为提高网站安全性，需要进行访问限制。

（1）只允许指定用户访问网站，在＿＿＿＿＿＿＿＿＿＿＿＿＿＿＿＿＿＿＿进行配置。

（2）只允许指定 IP 地址访问网站，在＿＿＿＿＿＿＿＿＿＿＿＿＿＿＿＿＿＿＿进行配置。

课后练习

1．WWW 服务器使用（　　）为客户提供 Web 浏览服务。

    A．FTP   B．HTTP   C．SMTP   D．NNTP

2．Web 网站的默认 TCP 端口号为（　　）。

    A．80   B．8080   C．21   D．1024

3．创建虚拟目录的用途是（　　）。

    A．一个模拟主目录的假文件夹

    B．以一个假的目录来避免病毒

    C．以一个固定的别名来指向实际的路径，当主目录变动时，相对用户而言是不变的

    D．以上都不对

4．Web 主目录的 Web 访问权限不包括（　　）。

    A．读取   B．更改   C．写入   D．目录浏览

任务3　搭建 DNS 服务器

任务描述

通过前面的项目实施，XX 公司搭建了自己的网站，公司信息和产品信息均已经上线。为了方便用户访问网站，特申请了域名 xx.com，公司需要公司内部用户及 Internet 上的用户均可通过域名访问公司的网站。

学习目标

➤ 能够利用前面所学的知识，结合"知识链接"、Windows 帮助文件和网络资料，探究解决问题的办法。

➤ 能够与技术团队一起制定解决问题的方案。

➤ 能够向客户详细展示解决方案。

➤ 能安装 DNS 服务器，并配置 DNS 服务器，以及进行 DNS 服务器的维护。

参考学时

4 学时

任务实施

说明：可采用角色扮演方式，实施项目教学，每组学生不超过 6 人，其中，4 名学生扮演 YY 网络部门技术员，教师扮演 XX 公司王总，2 名学生扮演 XX 公司维护人员（观察员）。

活动 1.【资讯】清楚域名的结构及 DNS 的工作过程

通过阅读"知识链接"、查询互联网资料，明确并掌握 DNS 的工作原理和域名的结构及分类。

（1）一般情况下，商业性公司用＿＿＿＿＿＿＿顶级域名，教育组织或大学用＿＿＿＿＿＿＿顶级域名，政府机构用＿＿＿＿＿＿＿顶级域名，中国用＿＿＿＿＿＿＿顶级域名。

（2）域名查询有＿＿＿＿＿＿＿＿＿＿、＿＿＿＿＿＿＿＿＿＿两种类型。

活动 2.【计划】配置 DNS 服务器、客户端

（1）安装好 DNS 后，建立＿＿＿＿＿＿＿区域和＿＿＿＿＿＿＿区域，就可以实现域名解析。

（2）在主 DNS 中，可以添加＿＿＿＿＿＿＿、＿＿＿＿＿＿＿、＿＿＿＿＿＿＿等常用的资源记录。

活动 3.【决策】确定解决方案，并向客户详细展示

（1）YY 公司技术支持团队派代表以 PPT 方式展示解决方案，XX 公司维护人员提出问题。

提出的问题：＿＿＿＿＿＿＿＿＿＿＿＿＿＿＿＿＿＿＿＿＿＿＿＿＿＿＿＿＿＿＿＿＿＿＿＿＿＿

（2）通过现场展示、问答和研讨，方案进行了如下修改：

＿＿

活动 4.【实施】带领客户的维护人员实施方案

YY 公司网络部门技术人员向 XX 公司相关人员展示 DNS 服务器的搭建流程，同时会同 XX 公司网络维护人员实现 DNS 服务器的搭建，过程如图 2-10 所示。

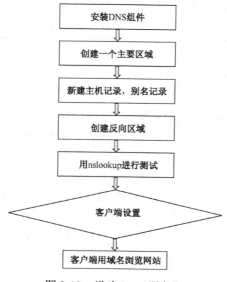

图 2-10　搭建 DNS 服务器

活动 5.【检查】效果检查与评估

XX 公司维护人员检查 YY 公司各技术员的完成情况，口头向王总汇报实施效果。双方确认项目完工，填写表 2-8，对项目进行验收。

表2-8　项目验收单

项目名称		施工时间	
用户单位（甲方）		施工单位（乙方）	
工作内容及过程简述：			
乙方项目负责人：	日期：　　年　　月　　日		
自检情况：			
乙方项目负责人：	日期：　　年　　月　　日		
用户意见及验收情况：			
甲方代表：	日期：　　年　　月　　日		

活动 6.【评价】任务评价与反馈

实施完成后，XX 公司维护人员检查 YY 公司各技术员的项目任务完成情况，向王总汇报实施效果。双方确认项目完工情况，填写表 2-9。

表2-9　YY 公司技术员评价表

班级：	学号：			姓名：			日期：		
评价内容	自我评价			公司维护人员评价			王总评价		
	优秀	合格	不合格	优秀	合格	不合格	优秀	合格	不合格
清楚解决办法									
解决方式可行									
展示详细明了									
实施过程顺利									
团队协助									
工作态度									
总体评价	（　　）优秀　　（　　）合格　　（　　）不合格								
	公司维护人员签名：　　　　　　　　王总签名：								

知识链接

1. DNS 的作用

DNS 是 Domain Name System（域名系统）的缩写，是一种组织成域层次结构的计算机和网络服务命名系统。DNS 命名用于 TCP/IP 网络，如 Internet，通过用户易识别的名称定位计算机和服务。

当 DNS 客户端向 DNS 服务器提出 IP 地址的查询要求时，DNS 服务器可以从其数据库内寻找所需要的 IP 地址，并传给 DNS 客户端。若数据库没有 DNS 客户所需要的数据，此时，DNS 服务器则必须向外界求助。

因此，DNS 是一组协议和服务，DNS 协议的基本功能是在主机名与 IP 地址间建立映射关系。

2. DNS 的域名结构

DNS 域名称空间是定义用于组织名称的域的层次结构，由名字分布数据库组成，是负责分配、改写、查询域名的综合性服务系统。

DNS 建立了基于域名空间的逻辑树形结构。域名空间是给 DNS 中的每一部分命名（这种命名最好有一定的含义、方便记忆）。

DNS 的命名规范：可以使用字符 a~z、A~Z、0~9、-（减号），不能使用字符\、/、.、_（下画线）。具体的层次分布如图 2-11 所示。

1）根域

根域代表域名空间的根，负责接收所有的 DNS 查询， 由 Internet Network Center（InterNIC）管理，InterNIC 承担着划分域名空间和登记域名的职责。

2）顶级域

顶级域数量有限且不能轻易变动，分为组织模式的和地理模式的，如 com 代表商业组织，edu 代表教育科研部门，cn 代表中国大陆，hk 代表中国香港等。

3）子域

子域是顶级域内的一个特定的组织，如 edu.cn 代表这个网络区域是中国教育系统的。

4）主机

主机处于域名空间的最下面一层，如 pc1.zsu.edu.cn 是某个教育机构网络中的一台主机。

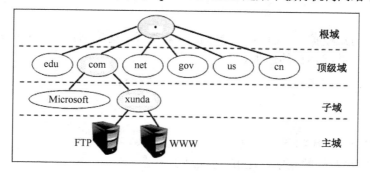

图 2-11　域名空间分布

3. DNS 域名解析过程

当客户机需要访问网络上某一主机时，首先向本地 DNS 服务器查询对方的 IP 地址，若找不到相应数据，本地 DNS 服务器则向另外一台 DNS 服务器查询，直到解析出所需访问主机的 IP 地址，如图 2-12 所示。

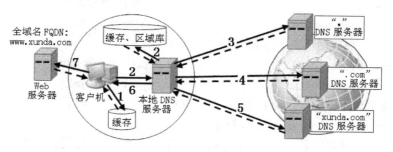

图 2-12　DNS 解析过程

DNS 客户端利用自己的 IP 地址查询它的主机名称，称为反向查询（Reverse Query）。

DNS 客户端向 DNS 服务器查询 IP 地址，或 DNS 服务器向另外一台 DNS 服务器查询 IP 地址，称为正向查询。

4. DNS 服务器的种类

1）主 DNS 服务器

主 DNS 服务器中存储了其所辖区域内主机的域名资源的正本，而且以后这些区域内的数据变更时，也是直接写到这台服务器的区域文件中，该文件是可读写的。

2）辅助 DNS 服务器

辅助 DNS 服务器定期从另一台 DNS 服务器复制区域文件，这一复制动作称为区域传送（Zone Transfer），区域传送成功后会将区域文件设置为"只读"，也就是说，在辅助 DNS 服务器中不能修改区域文件。

3）转发 DNS 服务器

凡是可以向其他 DNS 服务器转发解析请求的 DNS 服务器称为转发 DNS 服务器。

4）缓存 DNS 服务器

它本身没有本地区域文件，但仍然可以接收 DNS 客户端的域名解析请求，并将请求转发到指定的其他 DNS 服务器解析。

拓展训练

假如 XX 公司规模扩大，由多台 DNS 服务器组成，请你制定一个解决方案，实现多服务器的协同工作。并阐述你的理由。

采用：＿＿＿＿＿＿＿＿＿＿＿＿＿＿＿＿技术。

课后练习

1. 在互联网中使用 DNS 的好处有（   ）。
   - A．对用户友好的名字，比 IP 地址易于记忆
   - B．域名比 IP 地址更具有持续性
   - C．没有任何好处
   - D．访问速度比直接使用 IP 地址更快

2. 如果父域的名字是 hnwy.com，子域的相对名字是 xxgc，那么子域的可辨别的域名是（   ）。
   - A．hnwy.com
   - B．hnwy.com.xxgc
   - C．lgxy.hnwy.com
   - D．xxgc.hnwy.com

3.（   ）命令可用于显示本地计算机的 DNS 缓存。
   - A．ipconfig /registerdns
   - B．ipconfig /flushdns
   - C．ipconfig /showdns
   - D．ipconfig /displaydns

4. 当本地 DNS 服务器收到 DNS 客户机查询 IP 地址的请求后，如果无法解析，可能会把这个请求送给（   ），继续进行查询。
   - A．作为转发器的其他 DNS 服务器
   - B．委派子域对应的 DNS 服务器
   - C．客户机
   - D．Internet 上的根 DNS 服务器

任务4 搭建 FTP 服务器

任务描述

随着 XX 公司的信息化程度越来越高，企业运营过程中产生的数据也越来越多，数据的交流也日益频繁。因此，急需一个文件服务器来集中存放公司、部门及员工个人的技术、业务文档资料。公司员工可以根据自身的数据需求和访问权限随时从文件服务器下载资料到本地计算机，或者把个人的数据资料上传到服务器，通过设置访问权限确保数据的正确性和数据存取的安全性。

学习目标

➢ 能够利用前面所学的知识，结合"知识链接"、Windows 帮助文件和网络资料，探究解决问题的办法。
➢ 能够与技术团队一起制定解决问题的方案。
➢ 能够向客户详细展示解决方案。
➢ 能安装 FTP 服务器，并配置 FTP 服务器，以及进行 FTP 服务器的维护。

参考学时

4 学时

任务实施

说明：可采用角色扮演方式，实施项目教学，每组学生不超过 6 人，其中，4 名学生扮演 YY 网络部门技术员，教师扮演 XX 公司王总，2 名学生扮演 XX 公司维护人员（观察员）。

活动1.【资讯】清楚 FTP 的工作原理及主流软件

通过阅读"知识链接"或者查询互联网资料，熟悉并掌握 FTP 的工作原理和服务器搭建过程。

（1）FTP 服务使用_____端口监听客户机的连接请求，使用端口_____传输文件。
（2）FTP 服务有_____、_____两种登录方式。
（3）主流的 FTP 服务器软件有_____、_____。

活动2.【计划】使用 IIS、Serv-U 配置 FTP 站点

（1）利用 IIS，建立一个 FTP 站点。
（2）安装 Serv-U 后，建立_____，创建_____、_____就可以搭建自己的 FTP 网站了。

活动3.【决策】确定解决方案，并向客户详细展示

（1）YY 公司技术团队派代表以 PPT 方式展示解决方案，XX 公司维护人员提出问题。
提出的问题：_____

（2）通过现场展示、问答和研讨，方案进行了如下修改：

_____

_____

活动 4.【实施】带领客户的维护人员实施方案

YY 公司网络部门技术支持人员向 XX 公司相关人员展示项目实施方案，并会同网络维护人员搭建 FTP 服务器，实施流程如图 2-13 所示。

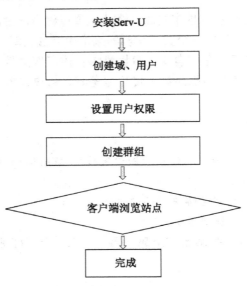

图 2-13　搭建 FTP 服务器

活动 5.【检查】效果检查与评估

XX 公司维护人员检查 YY 公司各技术员的完成情况，口头向王总汇报实施效果。双方确认项目完工，填写表 2-10，对项目进行验收。

表 2-10　项目验收单

项目名称		施工时间	
用户单位（甲方）		施工单位（乙方）	
工作内容及过程简述： 乙方项目负责人：　　　　　　日期：　　年　　月　　日			
自检情况： 乙方项目负责人：　　　　　　日期：　　年　　月　　日			
用户意见及验收情况： 甲方代表：　　　　　　　　日期：　　年　　月　　日			

活动 6.【评价】任务评价与反馈

实施完成后，XX 公司维护人员检查 YY 公司各技术员的项目任务完成情况，向王总汇报实施效果。双方确认项目完工情况，填写表 2-11。

表2-11　YY公司技术员评价表

评价内容	自我评价			公司维护人员评价			王总评价		
	优秀	合格	不合格	优秀	合格	不合格	优秀	合格	不合格
清楚解决办法									
解决方式可行									
展示详细明了									
实施过程顺利									
团队协助									
工作态度									
总体评价	（　　）优秀　　（　　）合格　　（　　）不合格								
	公司维护人员签名：　　　　　　　　　王总签名：								

班级：　　　　学号：　　　　姓名：　　　　日期：

知识链接

1. FTP 的相关概念

FTP（File Transfer Protocol，文件传输协议）是用来在本地计算机和远程计算机之间实现文件传送的标准协议。该服务实际上就是将各种可用资源放到各个 FTP 服务器中（即 FTP 的上载），网络上的用户可以通过 Internet 连到这些服务器上，并且使用 FTP 将需要的文件复制到自己的计算机中（即 FTP 的下载）。

2. FTP 两种登录方式

（1）匿名登录：匿名登录的 FTP 站点允许任何一个用户免费登录，并从其上复制一些免费的文件，登录时的用户名一般是 anonymous，口令可以是任意字符串。

（2）授权账户登录：登录时所使用的账户和口令必须是事先由系统管理员在登录的服务器上注册并进行过权限设置的账户和口令。

3. FTP 服务的工作过程

（1）FTP 客户机程序使用 TCP 三次握手信号，与远程的 FTP 服务器建立控制连接，如图 2-14 所示。

（2）向远程服务器发出传输命令。

（3）远程服务器接收到命令后给予响应，并执行正确的命令，完成上传或下载的服务。

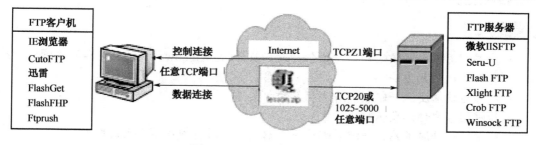

图 2-14　FTP 服务的工作原理

拓展训练

假如 XX 公司希望在外地管理 FTP 服务器，可采用＿＿＿＿＿＿＿＿＿＿＿技术，并配置它。

课后练习

1. 用户将文件从 FTP 服务器复制到自己计算机的过程，称为（　　）。
    A．上传　　　　　B．下载　　　　　C．共享　　　　　D．打印
2. 如果没有特殊声明，匿名 FTP 服务器的登录用户账户为（　　）。
    A．User　　　　　　　　　　　B．用户自己的电子邮件地址
    C．Anonymous　　　　　　　　D．Guest
3. 以上关于 FTP 服务器的描述中，正确的是（　　）。
    A．授权访问用户可以上传和下载文件
    B．FTP 不允许双向传输数据
    C．FTP 服务对象包括授权访问和匿名访问
    D．Windows Server 2003 FTP 客户机不能访问 Linux FTP 服务器
4. 使用 Serv-U 在一台计算机上运行多个 FTP 站点的方法有（　　）。
    A．使用不同的 IP 地址　　　　　B．创建多个不同的域
    C．创建多个不同的用户　　　　　D．创建多个不同的群组

任务 5　配置邮件服务器

任务描述

　　XX 公司的日常事务通常用电子邮件的方式上传下达，但是大量的邮件耗费了原本就不多的网络出口带宽，员工普遍反映访问 Internet 速度太慢，影响了对外的信息沟通。为了方便公司员工的内部交流和日常经营事务的流转，同时避免影响公司的对外交流，王总决定在公司内部网络中建立邮件服务器，让公司员工能在内部网络中收发邮件，保证对外交流的网络带宽。

学习目标

➤ 能够利用前面所学的知识，结合"知识链接"、Windows 帮助文件和网络资料，探究解决问题的办法。
➤ 能够与技术团队一起制定解决问题的方案。
➤ 能够向客户详细展示解决方案。
➤ 能安装邮件服务器，并配置邮件服务器，以及进行邮件服务器的维护。

参考学时

8 学时

任务实施

说明：可采用角色扮演方式，实施项目教学，每组学生不超过6人，其中，4名学生扮演 YY 网络部门技术员，教师扮演 XX 公司王总，2名学生扮演 XX 公司维护人员（观察员）。

活动1.【资讯】清楚邮件服务的工作原理及主流软件

通过阅读"知识链接"、查询互联网资料，掌握邮件服务的工作原理，了解主流的邮件服务器搭建平台和各自的优缺点。

（1）邮件服务用到两个服务，其中_____服务用来发送邮件，_____服务用来接收邮件。

（2）常用的邮件收发客户端软件有_____、_____。

活动2.【计划】配置邮件服务器

（1）安装好 POP3/SMTP 邮件服务后，设置好服务器的相关属性。

（2）新建一个名为_____的邮件域，再建立邮件账户（邮箱）供用户使用。

（3）配置 Outlook Express，进行电子邮件收发。

活动3.【决策】确定解决方案，并向客户详细展示

（1）YY 公司技术团队派代表以 PPT 方式展示解决方案，XX 公司维护人员提出问题。

提出的问题：_____

（2）通过现场展示、问答和研讨，方案进行了如下修改：

_____

_____

活动4.【实施】带领客户的维护人员实施方案

YY 公司网络部门技术支持人员向 XX 公司相关人员展示项目实施方案，并会同网络维护人员搭建电子邮件服务器，实施流程如图 2-15 所示。

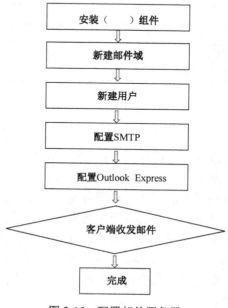

安装（   ）组件

新建邮件域

新建用户

配置SMTP

配置Outlook Express

客户端收发邮件

完成

图 2-15 配置邮件服务器

活动 5.【检查】效果检查与评估

XX 公司维护人员检查 YY 公司各技术员的完成情况，口头向王总汇报实施效果。双方确认项目完工，填写表 2-12，对项目进行验收。

表 2-12　项目验收单

项目名称		施工时间		
用户单位（甲方）		施工单位（乙方）		
工作内容及过程简述： 乙方项目负责人：		日期：　　年　　月　　日		
自检情况： 乙方项目负责人：		日期：　　年　　月　　日		
用户意见及验收情况： 甲方代表：		日期：　　年　　月　　日		

活动 6.【评价】任务评价与反馈

实施完成后，XX 公司维护人员检查 YY 公司各技术员的项目任务完成情况，向王总汇报实施效果。双方确认项目完工情况，填写表 2-13。

表 2-13　YY 公司技术员评价表

班级：			学号：			姓名：			日期：		
评价内容	自我评价			公司维护人员评价			王总评价				
	优秀	合格	不合格	优秀	合格	不合格	优秀	合格	不合格		
清楚解决办法											
解决方式可行											
展示详细明了											
实施过程顺利											
团队协助											
工作态度											
总体评价	（　　）优秀　　（　　）合格　　（　　）不合格										
	公司维护人员签名：　　　　　　　王总签名：										

知识链接

1.　电子邮件传递机制

电子邮件服务是指通过网络传送信件、单据、资料等电子信息的通信方法，它是根据传统的邮政服务模型建立起来的，当我们发送电子邮件时，这份邮件由邮件发送服务器发出，并根据收件人的地址判断对方的邮件接收服务器，从而将这封信发送到该服务器上，收件人要收取邮件也只能通过访问这个服务器才能完成，如图 2-16 所示。

电子邮件服务（E-mail 服务）是目前最常见、应用最广泛的一种互联网服务。通过电子邮件，可以与 Internet 上的任何人交换信息。电子邮件与传统邮件相比有传输速度快、内容和形式多样、使用方便、费用低、安全性好等特点。具体表现在：发送速度快，信息多样化，收发方便，成本低廉。

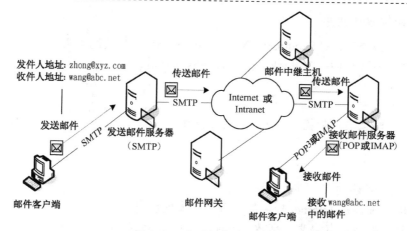

图 2-16 电子邮件服务原理

邮件传递流程具体如下：

（1）使用邮件用户代理（MUA）创建一封电子邮件，邮件创建后被送到了该用户的本地邮件服务器的邮件传输代理（MTA），传送过程使用的是 SMTP。此邮件被加入本地 MTA 服务器的队列中。

（2）MTA 检查收件用户是否为本地邮件服务器的用户，如果收件人是本机的用户，服务器将邮件存入本机的 MailBox。

（3）如果邮件收件人并非本机用户，MTA 检查该邮件的收信人，向 DNS 服务器查询接收方 MTA 对应的域名，然后将邮件发送至接收方的 MTA，使用的仍然是 SMTP，这时，邮件已经从本地的用户工作站发送到了收件人 ISP 的邮件服务器，并且转发到了远程的域中。

（4）远程邮件服务器比对收到的邮件，如果邮件地址是本服务器地址则将邮件保存在 MailBox 中，否则继续转发到目标邮件服务器。

（5）远端用户连接到远程邮件服务器的 POP3（110 端口）或者 IMAP（143 端口）接口上，通过账号密码获得使用授权。

（6）邮件服务器将远端用户账号下的邮件取出并且发送给收件人 MUA。

2．电子邮件传输协议

1）SMTP

两个邮件服务器之间使用该协议传送邮件。

邮件客户端使用该协议将邮件发送到发件服务器。

SMTP 的标准 TCP 端口为 25。

2）POP3

邮件客户端通过该协议从邮件服务器收取邮件。

已接收的邮件从服务器上下载到用户计算机上。

POP3 的标准 TCP 端口号为 110。

3）IMAP4

邮件客户端通过该协议从邮件服务器收取邮件。

已下载的邮件仍滞留在服务器中。

IMAP4 的标准 TCP 端口号为 143。

3. 电子邮件服务软件

（1）邮件服务器软件：Sendmail、Microsoft Exchange 及其他免费的邮件服务器软件。

（2）邮件客户端软件：Outlook Express、Foxmail 等。

拓展训练

假如 XX 公司想限定邮箱文件大小，可以采用＿＿＿＿＿＿＿＿＿＿技术，并配置它。

课后练习

1. 下列说法错误的（　　）。
   A. 电子邮件是 Internet 提供的一项最基本的服务
   B. 电子邮件具有快速、高效、方便、价廉等特点
   C. 通过电子邮件，可向世界上任何一个角落的网上用户发送信息
   D. 可发送的信息只有文字和图像。

2. 以下有关邮件账号设置的说法中正确的是（　　）。
   A. 接收邮件服务器使用的邮件协议名，一般采用 POP3
   B. 接收邮件服务器域名或 IP 地址，应填入用户的电子邮件地址
   C. 发送邮件服务器域名或 IP 地址必须与接收邮件服务器相同
   D. 发送邮件服务器域名或 IP 地址必须选择一个其他的服务器地址

3. 以下关于 POP3 正确的表述是（　　）。
   A. 是发送邮件过程中不可缺少的协议　　B. 是接收邮件过程中不可缺少的协议
   C. 只是电子邮件中的一个辅助协议　　　D. 是邮件传输过程中不可缺少的协议

任务6　配置网络打印服务器

任务描述

XX 公司随着规模扩大、员工数量增多，公司运营过程中产生的日常事务也急速增多，原有的几台打印机已经不能满足员工的办公需求。但是每个部门配置打印机成本又太高，而且打印机的利用率不足。经过咨询相关专业人员的意见，王总决定在公司里配置网络共享打印机，需要打印资料的员工通过网络打印，这样可以充分利用现有的打印机设备，提高工作效率降低成本。

学习目标

➤ 能够利用前面所学的知识，结合"知识链接"、Windows 帮助文件和网络资料，探究解决问题的办法。

➤ 能够与技术团队一起制定解决问题的方案。

➤ 能够向客户详细展示解决方案。

➤ 能安装并配置打印服务器，以及进行打印服务器的维护。

📞 **参考学时**

4 学时

◎ **任务实施**

说明：可采用角色扮演方式，实施项目教学，每组学生不超过 6 人，其中，4 名学生扮演 YY 网络部门技术员，教师扮演 XX 公司王总，2 名学生扮演 XX 公司维护人员（观察员）。

活动 1.【资讯】清楚打印服务器的工作过程及主流设备

通过阅读"知识链接"、查询互联网资料，掌握网络共享打印机的原理及配置方式。

（1）网络打印服务器分_____和内置两种。

（2）主流的打印机品牌有_____、_____、_____。

活动 2.【计划】配置网络打印服务器

（1）安装打印服务，配置打印机。

（2）设置打印机共享。

（3）客户机连接打印机。

活动 3.【决策】确定解决方案，并向客户详细展示

（1）YY 公司技术团队派代表以 PPT 方式展示解决方案，XX 公司维护人员提出问题。

提出的问题：_____

（2）通过现场展示、问答和研讨，方案进行了如下修改：

_____

活动 4.【实施】带领客户的维护人员实施方案

YY 公司网络部门技术支持人员向 XX 公司相关人员展示项目实施方案，并会同网络维护人员配置网络共享打印机，实施流程如图 2-17 所示。

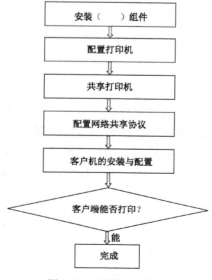

图 2-17 配置打印服务

活动5.【检查】效果检查与评估

XX 公司维护人员检查 YY 公司各技术员的完成情况，口头向王总汇报实施效果。双方确认项目完工，填写表 2-14，对项目进行验收。

表 2-14　项目验收单

项目名称		施工时间	
用户单位（甲方）		施工单位（乙方）	
工作内容及过程简述： 乙方项目负责人：　　　　　　　日期：　　年　　月　　日			
自检情况： 乙方项目负责人：　　　　　　　日期：　　年　　月　　日			
用户意见及验收情况： 甲方代表：　　　　　　　　　　日期：　　年　　月　　日			

活动6.【评价】任务评价与反馈

实施完成后，XX 公司维护人员检查 YY 公司各技术员的项目任务完成情况，向王总汇报实施效果。双方确认项目完工情况，填写表 2-15。

表 2-15　YY 公司技术员评价表

班级：			学号：			姓名：			日期：		
评价内容	自我评价			公司维护人员评价			王总评价				
	优秀	合格	不合格	优秀	合格	不合格	优秀	合格	不合格		
清楚解决办法											
解决方式可行											
展示详细明了											
实施过程顺利											
团队协助											
工作态度											
总体评价	（　）优秀　　　（　）合格　　　（　）不合格 公司维护人员签名：　　　　　　　王总签名：										

知识链接

1. 打印服务器

打印服务器虽然也是服务器，但网络打印服务器外形却与人们想象中的服务器大相径庭。网络打印服务器分外置和内置两种，内置网络打印服务器一般和网络打印机一起打包售出，也就是各大打印机厂商销售的网络打印机。而外置网络打印服务器则是为已经购买了打印机的用户而设计的。通过打印机的 USB 口和并口，就可连接外置网络打印服务器，轻松升级为网络打印机。

1）硬件打印服务器

它相当于一台独立的专用计算机。

它功能强大，效率高，能支持大量用户的打印共享。

2）软件打印服务器

它用操作系统来实现打印共享。

打印共享依赖于服务器计算机。

UNIX、Linux、Novell、Windows 等都提供打印共享服务。

2. 共享设置

第一步，将打印机连接至主机，打开打印机电源，通过主机的"控制面板"进入"打印机和传真"文件夹，在空白处单击鼠标右键，选择"添加打印机"命令，打开添加打印机向导窗口。选择"连接到此计算机的本地打印机"，并勾选"自动检测并安装即插即用的打印机"复选框。

第二步，此时主机将会进行新打印机的检测，很快便会发现已经连接好的打印机，此时根据提示将打印机附带的驱动程序光盘放入光驱中，安装好打印机的驱动程序后，在"打印机和传真"文件夹内便会出现该打印机的图标了。

第三步，在新安装的打印机图标上单击鼠标右键，选择"共享"命令，打开打印机的属性对话框，切换至"共享"选项卡，选择"共享这台打印机"，并在"共享名"输入框中填入需要共享的名称，例如 CompaqIJ，单击"确定"按钮即可完成共享的设定。

提示：如果希望局域网内其他版本的操作系统在共享主机打印机时不再需要费力地查找驱动程序，我们可以在主机上预先将这些不同版本操作系统对应的驱动程序安装好，只要单击"其他驱动程序"按钮，选择相应的操作系统版本，单击"确定"后即可进行安装。

拓展训练

假如 XX 公司希望给公司经理、部门主管优先使用打印机资源，可以采用_____技术，配置后即可实现该功能。

项目三

●●●●● 网络冗余

项目情景

　　XX 公司扩大发展，网络规模扩大，网络在生产实践中的地位逐渐加重，当网络出现故障时，对公司生产会造成较大损失。为了提高网络的稳定性，避免因为网络故障影响公司的日常生产经营，需要对网络进行分区管理以提高网络稳定性和安全性。

　　接到电话后，林工马上进行梳理，并拟定了解决方案，再次上门为王总解决问题。

　　公司网络的拓扑结构如图 3-1 所示。

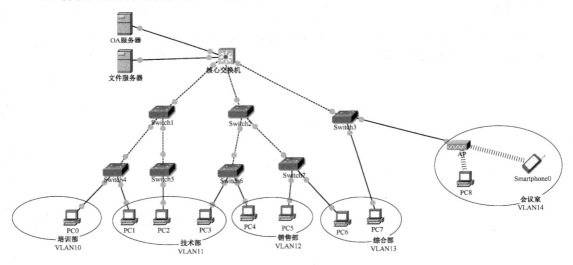

图 3-1　公司网络拓扑结构图

学习目标

专业能力

➤ 能配置生成树及快速生成树。

➤ 能根据网络拓扑及需求指定根桥。

➤ 能配置生成树实例。

➤ 能够配置链路聚合。

➤ 能配置动态路由协议。

> ➤ 能配置动态路由协议。
> ➤ 能对动态路由协议进行认证。
> ➤ 拓展：能根据网络拓扑结构对 IP 地址进行规划，配置 OSPF，并对协议进行认证。

社会能力

> ➤ 能够与技术团队一起制定解决问题的方案。
> ➤ 能够向客户详细展示解决方案。
> ➤ 能够对客户的维护人员进行培训。

方法能力

> ➤ 能够利用前面所学的知识，结合"知识链接"、产品技术说明手册和网络资料，探究解决问题的办法。

任务1 交换网的冗余解决方案

任务描述

由于公司网络规模增大，业务也越来越多，网络在公司运营中的重要性也越来越突出，为了避免单点故障造成网络无法正常运行以致影响公司日常运转，王总要求提高公司网络的稳定性。根据 XX 公司的需求目标，YY 公司的网络支持工程师小林充分分析了 XX 公司的网络结构，在保证公司现有网络可用的前提下，解决网络冗余度不足的问题。

学习目标

> ➤ 能够利用前面所学的知识，结合"知识链接"、产品说明书，探究解决问题的办法。
> ➤ 能够与技术团队一起制定解决问题的方案。
> ➤ 能够选择合适的网络冗余技术并配置。
> ➤ 能够根据需求撰写相关文档。
> ➤ 能够向客户详细展示解决方案。

参考学时

16 学时

任务实施

说明：可采用角色扮演方式，实施项目教学，每组学生不超过 6 人，其中，4 名学生扮演 IT 公司技术员，教师扮演 XX 公司王总，2 名学生扮演 XX 公司维护人员（观察员）。

活动 1.【资讯】清楚交换机的冗余解决方式与配置

在交换式网络中，提高网络稳健性的基本方法主要有设备冗余和链路冗余两种。设备冗余解决方案中，需要对关键设备实现备份，因此需要额外采购这些设备以便当网络中的设备出现故障时可以立即替换。但是实际的设备往往造价高昂，所以设备冗余的方案通常并不适用。

链路冗余是在可能产生单点故障的地方多配置一条链路。因为链路的成本只是在设备上额外使用了一个端口，而且链路的成本比设备的成本低很多，往往只有设备成本的几分之一甚至十几分之一，所以在实际的网络工程中，通常以链路冗余为主，但是冗余链路会造成在交换机网络中出现环形路径，如图 3-2 所示。

但是由于交换机属于二层设备，不具备隔离广播的作用，当存在冗余链路的时候可能出现广播风暴的问题。如图 3-2 所示的网络中，如果 PC1 要与 PC2 通信，通信过程中产生的数据帧主要有两种：单播帧和广播帧。由于交换机本身不能隔离广播，因此在两台交换机之间的网络环路将会引起一系列的问题：多帧复制、广播风暴、MAC 地址表抖动等。通过阅读交换机工作原理、"知识链接"、查询互联网资料并依据图 3-2，解释这一系列问题产生的原因并给出解决方案。

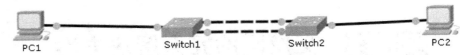

图 3-2　交换网链路冗余

（1）多帧复制形成过程：_____。
（2）广播风暴形成过程：_____。
（3）MAC 地址表抖动形成过程：_____。
（4）可以采取的解决方案：_____。
（5）交换机开启生成树协议的配置命令是：_____。
（6）关闭生成树协议的配置命令是：_____。
（7）开启端口聚合的命令是：_____。

需要注意的是：不同生产商生产的网络设备默认的生成树状态是不一样的，例如，华为、锐捷等品牌的交换机默认关闭生成树，思科设备默认开启生成树协议。

通过阅读"知识链接"、查询互联网资料，填写不同类型生成树之间的差别，见表 3-1。

表 3-1　不同生成树的开启方式

类　别	STP	RSTP	MST	PVST
生成树名称				
开启方式或者命令				
优点或者适用场合				

活动 2.【计划】拟定网络冗余解决方式

通过技术团队小组的研究和讨论，可以采用_____方式解决网络冗余的问题。

（1）拟采用的技术：_____。
其优势是：_____。

（2）画出新的网络拓扑结构图。

（3）需要增加的设备：_____。

（4）预计工期：_____天。

（5）费用预算：设备_____元，材料_____元，人工_____元。

活动 3.【决策】确定解决方案，并向客户详细展示

（1）YY 公司技术团队派代表以 PPT 方式展示解决方案，XX 公司维护人员提出问题。提出的问题：_____

（2）通过现场展示、问答和研讨，方案进行了如下修改：

_____

_____

活动 4.【实施】带领客户的维护人员实施方案

YY 公司网络部门技术支持人员向 XX 公司相关人员展示项目实施方案，并会同网络维护人员实施链路冗余方案，记录实施过程的关键步骤或代表性步骤。实施过程中记录相应设备的配置命令（表 3-2）。

表 3-2 设备命令设置

序 号	设 备 编 号	配置、配置命令及实现目的（或命令解释）

活动 5.【检查】效果检查与评估

XX 公司维护人员检查 YY 公司各技术员的完成情况，口头向王总汇报实施效果。双方确认项目完工，填写表 3-3，对项目进行验收。

表 3-3 项目验收单

项目名称		施工时间	
用户单位（甲方）		施工单位（乙方）	
工作内容及过程简述： 乙方项目负责人：	日期： 年 月 日		
自检情况： 乙方项目负责人：	日期： 年 月 日		
用户意见及验收情况： 甲方代表：	日期： 年 月 日		

活动 6.【评价】任务评价与反馈

实施完成后，XX 公司维护人员检查 YY 公司各技术员的项目任务完成情况，向王总汇报实施效果。双方确认项目完工情况，填写表 3-4。

表 3-4　IT 公司技术员评价表

班级：				学号：			姓名：			日期：	
评价内容	自我评价			公司维护人员评价			王总评价		
	优秀	合格	不合格	优秀	合格	不合格	优秀	合格	不合格
清楚解决办法									
解决方式可行									
展示详细明了									
实施过程顺利									
团队协助									
工作态度									
总体评价	（　　　）优秀　　　（　　　）合格　　　（　　　）不合格 公司维护人员签名：　　　　　　　　王总签名：								

知识链接

1. STP

IEEE 802.1d STP（Spanning-Tree Protocol，生成树协议）：其基本思想就是按照"树"的结构修剪构造网络的拓扑结构，消除网络中的环路，避免由于环路的存在而造成广播风暴问题。

STP 的工作过程如下。

第一步：在每一个网络中选举一个根桥。

第二步：在每个非根网桥上选举一个根端口。

第三步：在每个网段上选举一个指定端口。

第四步：阻塞非根、非指定端口。

（1）选举根桥。

➤ STP 刚启动时，每台交换机都认为自己是根桥，向外泛洪 BPDU。

➤ 当交换机的一个端口收到高优先级的 BPDU（更小的 Root BID 或更小的 Root Path Cost 等）时，就在该端口保存这些信息，同时向所有端口更新并传播信息。

➤ 如果收到比自己低优先级的 BPDU，交换机就丢弃该信息。

➤ 网络中选择了一个交换机为根桥（Root Bridge）。

➤ 选择依据：

网桥优先级取值范围为 0～65535，默认值为 32768（0x8000），首先判断网桥优先级，优先级最低的网桥将成为根桥，如果网桥优先级相同，则比较网桥 MAC 地址，具有最低 MAC 地址的交换机或网桥将成为根桥。

（2）选举根端口：在每个非根桥上选择一个根端口。

➤ 每个交换机都计算到根桥（Root Bridge）的最短路径，即提供最短路径到 Root Bridge 的端口选为根端口（Root Port），如果路径开销相同，则以端口优先级为选择依据。端口优先级是从 0 到 255 的数字，默认值是 128（0x80），端口优先级越小，则优先级越高，如果端口优先级相同，则编号越小，优先级越高。

➤ 路径成本的计算和链路的带宽相关联，根路径成本就是到根桥的路径中所有链路的路径成本的累计和。

802.1d 路径成本值见表 3-5。

表 3-5 802.1d 路径成本

链路带宽	成本（修订前）	成本（修订后）
10G	1	2
1000M	1	4
100M	10	19
10M	100	100

（3）选举指定端口。

每个 LAN 都有指定交换机（Designated Bridge），位于该 LAN 与根交换机之间的最短路径中指定交换机和 LAN 相连的端口称为指定端口（Designated Port）。

（4）阻塞非根非指定端口。

根端口（Root Port）和指定端口（Designated Port）进入转发 Forwarding 状态，其他的冗余端口就处于阻塞（Blocking）状态。

2. RSTP

RSTP（Rapid Spanning Tree Protocol，快速生成树协议）由 802.1d 发展而成，这种协议在网络结构发生变化时，能更快地收敛网络。它比 802.1d 多了两种端口类型：预备端口类型（Alternate Port）和备份端口类型。STP（Spanning Tree Protocol）是生成树协议的英文缩写。该协议可应用于环路网络，通过一定的算法实现路径冗余，同时将环路网络修剪成无环路的树形网络，从而避免报文在环路网络中的增生和无限循环。

3. 端口聚合

端口聚合也叫以太通道（Ethernet Channel），主要用于交换机之间连接。两个交换机之间有多条冗余链路时，STP 会将其中的几条链路关闭，只保留一条，这样可以避免二层的环路产生。但是，失去了路径冗余的优点，因为 STP 的链路切换会很慢，在 50s 左右。使用以太通道的话，交换机会把一组物理端口联合起来，作为一个逻辑的通道，也就是 channel－group，这样交换机会认为这个逻辑通道为一个端口。这样做有以下几个优点。

（1）带宽增加，带宽相当于成组端口的带宽总和。

（2）增加冗余，只要组内不是所有的端口都失效，两个交换机之间仍然可以继续通信。

（3）负载均衡，可以在组内的端口上配置，使流量可以在这些端口上自动进行负载均衡。

聚合端口（Aggregate Port，AP）：把多个物理接口捆绑在一起而形成的一个简单逻辑接口，标准为 IEEE 802.3ad，可扩展链路带宽，实现成员端口上的流量平衡，自动链路冗余备份。

➤ AP 成员端口的端口速率必须一致。

➤ AP 成员端口必须属于同一个 VLAN。

➤ AP 成员端口使用的传输介质应相同。

➤ 默认情况下创建的 AP 是二层 AP。

➤ 二层端口只能加入二层 AP，三层端口只能加入三层 AP。

➤ AP 不能设置端口安全功能。

> 当把端口加入一个不存在的 AP 时，AP 会被自动创建。
> 一个端口加入 AP，端口的属性将被 AP 的属性所取代。
> 一个端口从 AP 中删除，则端口的属性将恢复为其加入 AP 前的属性。
> 当一个端口加入 AP 后，不能在该端口上进行任何配置，直到该端口退出 AP。

创建 AP：

> Swtich（config）#interface aggregateport n （n 为 AP 号）。
> 将端口加入 AP。
> Switch（config）#interface range {port-range}
> Switch（config-if-range）# port-group port-group-number

注意：如果这个 AP 不存在，则同时创建这个 AP。

> 将端口从 AP 中删除。
> Switch（config-if）# no port-group

4．STP 配置命令

STP 相关配置命令如下。

启用生成树：

switch （config）#spanning-tree vlan vlan-list

关闭 STP：

no spanning-tree vlan   vlan-list

设置主根桥：

spanning-treevlan   vlan-list   root primary

设置备根桥：

spanning-treevlan   vlan-list   root secondary

配置生成树优先级（取值范围是 0～61440，增量是 4096，越小优先级越高，默认值是 32768）：

spanning-treevlan < vlan-list > priority <0-61440>

拓展训练

假如 XX 公司需要对网络进行优化重组，确保内网稳定有效地运行，你需要为该网络撰写相关报告文档，并阐述你的理由。

（1）确保内网稳定有效地运行，当前网络是否有瓶颈？如果有在哪里？

（2）怎么设计该网络拓扑结构？

（3）需要采购设备吗？设备型号是什么？资金预算是多少？

（4）还有其他的替代方案吗？

（5）你推荐哪种方案，并阐述你推荐的理由：

_____

_____

_____

课后练习

1. 常见的生成树协议有（　　）。
　　A．STP 　　　　　B．RSTP 　　　　　C．MSTP 　　　　　D．PVST

2. 起用了 STP 的二层交换网络中，交换机的端口可能会经历（　　）状态。
　　A．Disabled 　　B．Blocking 　　C．Listening 　　D．Learning
　　E．Forwarding

3. 起用了 STP 的交换机，它的一个端口从 Learning 状态转到 Forwarding 状态要经历一个 Forwarding Delay，默认这个 Forwarding Delay 是（　　）秒。
　　A．10 　　　　　B．15 　　　　　C．20 　　　　　D．30

4. 在 STP 中，设所有交换机所配置的优先级相同，交换机 1 的 MAC 地址为 00-e0-fc-00-00-40，交换机 2 的 MAC 地址为 00-e0-fc-00-00-10，交换机 3 的 MAC 地址为 00-e0-fc-00-00-20，交换机 4 的 MAC 地址为 00-e0-fc-00-00-80，则根交换机应当为（　　）。
　　A．交换机 1 　　B．交换机 2 　　C．交换机 3 　　D．交换机 4

5. 为了计算生成树，设备之间需要交换相关信息和参数，这些信息和参数被封装在（　　）中，在设备之间传递。
　　A．TCP BPDU 　　B．配置 BPDU 　　C．配置 STP 　　D．配置 RSTP

6. STP 报文计算生成树，会在所有的网桥中选择（　　）个根桥。
　　A．1 　　　　　B．2 　　　　　C．3 　　　　　D．4

7. IEEE 定义了 STP 的标准是（　　）
　　A．802.1p 　　　B．802.1w 　　　C．802.1d 　　　D．802.1q

8. STP 收敛后，与根端口直连的对端端口是（　　）。
　　A．指定端口 　　B．Backup 端口 　　C．Alternate 端口 　　D．边缘端口

9. STP 计算中端口的开销（Port Cost）和端口的带宽有关，带宽越高，开销越（　　）。
　　A．小 　　　　　B．大 　　　　　C．一致 　　　　　D．不一定

10. STP 计算中为每个网段选举指定端口和指定桥的时候，首先比较该网段所连接的端口所属设备的（　　），越小越优先。
　　A．链路优先级 　　B．根路径开销 　　C．端口标识 　　D．端口 MAC

11. STP 计算中端口在（　　）状态时，不转发数据帧，不学习 MAC 地址表，只参与生成树计算，接收并发送 STP 报文。
　　A．Listening 　　B．Blocking 　　C．Learning 　　D．Forwarding

12. 以下关于生成树说法正确的是（　　）。
　　A．通过物理路径的冗余来提高桥接网络的可靠性
　　B．通过逻辑路径的冗余来提高桥接网络的可靠性
　　C．通过阻断链路来消除桥接网络中可能存在的路径回环
　　D．当前活动路径发生故障时激活冗余备份链路恢复网络连通性

13. 关于 STP 下面的说法中不正确的是（　　）。
　　A．一个交换网络中只能有一个指定交换机
　　B．根交换机的所有端口都是根端口
　　C．根交换机中所有端口都是指定端口

D. 交换网络中交换机优先级值最小的交换机成为非根交换机

14. STP 中的网桥 ID 包含两部分内容，分别是（　　）。

    A. 网桥的优先级　　　　　　　　　　B. 网桥的端口 ID

    C. 网桥的 MAC 地址　　　　　　　　　D. 网桥的 IP 地址

15. 交换机运行 STP 时，默认情况下交换机的优先级为（　　）。

    A. 4096　　　　　B. 8192　　　　　C. 16384　　　　　D. 32768

16. 在 STP 中，（　　）会影响根交换机的选举。

    A. 交换机优先级　　　　　B. 交换机端口 ID　　　　　C. 交换机接口带宽

    D. 交换机的 MAC 地址　　　E. 交换机的 IP 地址

17. 以下关于生成树协议优缺点的描述不正确的是（　　）。

    A. 生成树协议能够管理冗余链路

    B. 生成树协议能够阻断冗余链路，防止环路的产生

    C. 生成树协议能够防止网络临时失去连通性

    D. 生成树协议能够使以太网交换机可以正常工作在存在物理环路的网络环境中

18. RSTP 在（　　）方面对 STP 进行了改进。

    A. 一个非根交换机选举出一个新的根端口之后，如果以前的根端口已经不处于 Forwarding 状态，而且上游指定端口已经开始转发数据，则新的根端口立即进入转发状态

    B. 当把一个交换机端口配置成为边缘端口之后，一旦端口被启用，则端口立即成为指定端口（Designated Port），并进入转发状态

    C. 如果指定端口连接着点到多点链路，则设备可以通过与下游设备握手，得到响应后即刻进入转发状态

    D. 如果指定端口连接着点到点链路，则设备可以通过与下游设备握手，得到响应后即刻进入转发状态

19. 单生成树的弊端有（　　）。

    A. 单生成树可能会导致位于不同交换机上同一 VLAN 的主机不能互通

    B. 在单生成树条件下，不能进行流量在不同链路上的分担

    C. 运行单生成树时，整个网络收敛速度比较慢

    D. 在单生成树条件下，可能存在次优的二层路径

20. STP/RSTP 是基于端口的，而 MSTP 是基于（　　）的。

    A. 根桥　　　　　B. 指定桥　　　　　C. 根端口　　　　　D. 实例

任务 2　优化交换网络冗余

任务描述

在解决链路冗余问题后，技术支持团队通过分析网络运行状态发现生成树协议（STP）是基于整个交换网络产生的一个树形拓扑结构，所有的端口都共享一个生成树，使得有些

交换设备比较繁忙，而另一些交换设备又很空闲，设备整体利用率偏低。而且网络拓扑结构发生变化后，生成树收敛速度比较慢，根桥选择不够合理。如何优化网络使设备利用率更高，网络性能更好，成为技术支持团队要解决的主要问题。网络拓扑结构图如图 3-3 所示。

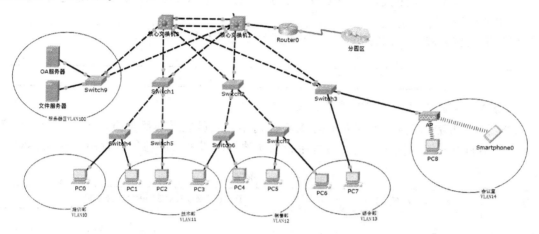

图 3-3 网络拓扑结构图

🧩 学习目标

➢ 能够利用前面所学的知识，结合"知识链接"和网络资料，探究解决问题的办法。
➢ 能够与技术团队一起制定解决问题的方案。
➢ 能够向客户详细展示解决方案。
➢ 能够配置使用生成树实例。

📞 参考学时

8 学时

🎯 任务实施

说明：可采用角色扮演方式，实施项目教学，每组学生不超过 6 人，其中，4 名学生扮演 IT 公司技术员，教师扮演 XX 公司王总，2 名学生扮演 XX 公司维护人员（观察员）。

活动 1.【资讯】阅读并复述根桥选择依据、多生成树概念

（1）生成树协议的工作原理可以分为四步，分别是：＿＿＿＿＿＿＿＿＿＿＿＿＿。

（2）多生成树的定义：＿＿＿＿＿＿＿＿＿＿＿＿＿＿＿＿＿＿＿＿＿＿＿。

活动 2.【计划】拟定优化交换式网络冗余解决方案

通过技术团队小组的研究和讨论，可以采用＿＿＿＿＿＿＿＿＿＿＿方式解决生成树收敛较慢的问题。

（1）拟采用的技术：＿＿＿＿＿＿＿＿＿＿＿＿＿＿＿＿＿＿＿＿＿＿＿＿＿＿＿
其优势是：＿＿＿＿＿＿＿＿＿＿＿＿＿＿＿＿＿＿＿＿＿＿＿＿＿＿＿＿＿＿。
＿＿＿＿＿＿＿＿＿＿＿＿＿＿＿＿＿＿＿＿＿＿＿＿＿＿＿＿＿＿＿＿＿＿。

（2）需要增加的设备：＿＿＿＿＿＿＿＿＿＿＿＿＿＿＿＿＿＿＿＿＿＿＿＿＿。

（3）预计工期：_____天。

（4）费用预算：设备_____元，材料_____元，人工_____元。

活动 3.【决策】确定解决方案，并向客户详细展示

（1）公司技术团队派代表以 PPT 方式展示解决方案，XX 公司维护人员提出问题。

提出的问题：_____

（2）通过现场展示、问答和研讨，方案进行了如下修改：

_____

_____

活动 4.【实施】带领客户的维护人员实施方案

　　YY 公司网络部门技术支持人员向 XX 公司相关人员展示项目实施方案，并会同网络维护人员实施生成树的优化，实施过程中记录所修改的设备及相应的配置命令（表 3-6）。

表 3-6　设备配置表

序　号	设 备 编 号	配置、配置命令及实现目的（或命令解释）

活动 5.【检查】效果检查与评估

　　XX 公司维护人员检查 YY 公司各技术员的完成情况，口头向王总汇报实施效果。双方确认项目完工，填写表 3-7，对项目进行验收。

表 3-7　项目验收单

项目名称		施工时间	
用户单位（甲方）		施工单位（乙方）	
工作内容及过程简述： 乙方项目负责人：　　　　日期：　　年　　月　　日			
自检情况： 乙方项目负责人：　　　　日期：　　年　　月　　日			
用户意见及验收情况： 甲方代表：　　　　日期：　　年　　月　　日			

活动 6.【评价】任务评价与反馈

　　实施完成后，XX 公司维护人员检查 YY 公司各技术员的项目任务完成情况，向王总汇报实施效果。双方确认项目完工情况，填写表 3-8。

表 3-8　IT 公司技术员评价表

班级：		学号：			姓名：			日期：		
评价内容	自我评价			公司维护人员评价			王总评价		
	优秀	合格	不合格	优秀	合格	不合格	优秀	合格	不合格
清楚解决办法									
解决方式可行									
展示详细明了									
实施过程顺利									
团队协助									
工作态度									
总体评价	（　　）优秀　　　　（　　）合格　　　　（　　）不合格								
	公司维护人员签名：　　　　　　　　　王总签名：								

知识链接

1. 单个生成树的弊端

可能会造成部分 VLAN 路径不通，无法使用流量分担，次优二层路径。

2. 多生成树协议（MSTP）

采用多生成树（MSTP），能够通过干道（Trunks）建立多个生成树，关联 VLAN 到相关的生成树进程，每个生成树进程具备单独于其他进程的拓扑结构；MST 提供了多个数据转发路径和负载均衡，提高了网络容错能力，因为一个进程（转发路径）的故障不会影响其他进程（转发路径）。

一个生成树进程只能存在于具备一致的 VLAN 进程分配的桥中，必须用同样的 MST 配置信息来配置一组桥，这使得这些桥能加入一组生成树进程，具备同样的 MST 配置信息的互连的桥构成多生成树区（MST Region）。

将环路网络修剪成一个无环的树形网络，避免报文在环路网络中的增生和无限循环，同时还提供了数据转发的多个冗余路径，在数据转发过程中实现 VLAN 数据的负载均衡。MSTP 兼容 STP 和 RSTP，并且可以弥补 STP 和 RSTP 的缺陷。它既可以快速收敛，也能使不同 VLAN 的流量沿各自的路径分发，从而为冗余链路提供了更好的负载分担机制。

3. PVST

PVST（Per-VLAN Spanning Tree，每个 VLAN 生成树）是解决在虚拟局域网上处理生成树的 Cisco 特有解决方案。PVST 为每个虚拟局域网运行单独的生成树实例。一般情况下 PVST 要求在交换机之间的中继链路上运行 Cisco 的 ISL。

4. 定义根桥与备根桥

在网络中，经过生成树协议选举出来的根桥如果收到优先级更高的配置消息，将会失去根桥的地位，进而引起全网络重新进行生成树计算，网络重新收敛。或者当跟桥出现故障时，网络也将重新进行生成树计算进而重新收敛。重新收敛后的网络逻辑拓扑结构都可能发生变化。

为了提高网络的稳定性，可以在网络中指定根桥和根桥的替代者，即备用根桥。

拓展训练

在本任务中，由于 XX 公司原本核心交换机使用 Cisco 3950，后面采购了华为的核心设备，请你根据所学知识和技能，并查询厂商相关资料，拟定可行的实施方案。

主要关注：Cisco 的 PVST 与华为 MSTP 是否可以兼容？如果可以兼容该如何配置？如果不兼容该如何拟定可行的替代方案？

课后练习

在使用 MSTP 时，具备（　　　　）条件的网桥属于同一个 MSTP 域。

    A. 同时开启根保护功能　　　　　　B. 有相同的域名

    C. 处于转发状态的端口数目一致　　D. VLAN 和实例的映射关系一致

任务3　路由网络的冗余方案

任务描述

由于网络规模扩大，使用静态路由解决网络间传输的难度加大，路由上的单节点出现故障，可能会对网络产生较大影响，技术经理要求你改变路由来解决这个问题。

学习目标

➤ 能够利用前面所学的知识，结合"知识链接"、网络资料，探究解决问题的办法。

➤ 能够与技术团队一起制定解决问题的方案。

➤ 能够向客户详细展示解决方案。

➤ 能配置浮动路由、RIP、RIPv2。

➤ 能够测试网络的连通。

参考学时

24 学时

任务实施

说明：可采用角色扮演方式，实施项目教学，每组学生不超过 6 人，其中，4 名学生扮演 IT 公司技术员，教师扮演 XX 公司王总，2 名学生扮演 XX 公司维护人员（观察员）。

活动 1.【资讯】阅读并复述路由转发、路由表的形成、路由协议的工作原理和相关配置命令

通过阅读"知识链接"、查询互联网资料，能表述路由转发的相关知识。

（1）路由表与路由转发过程：_____。

（2）路由的形成过程：_____。

（3）静态路由和浮动路由的配置命令：_____。

（4）RIP 的作用是：_____。

（5）RIP 的工作过程：_____。

（6）RIP 解决路由环路的各类方法：_____。

（7）RIPv1 和 RIPv2 的区别：_____。

（8）距离矢量路由协议存在的问题有：_____。

（9）RIP 的配置命令有：_____。

（10）OSPF 协议的工作过程是：_____。

（11）OSPF 协议的配置命令包括：_____。

活动 2.【计划】拟定路由网络的路径冗余解决方案

通过技术团队小组的研究和讨论，可以采用_____方式解决路由网络的路径冗余问题。

（1）拟采用的技术：_____。

其优势是：_____

_____。

（2）需要增加的设备：_____。

（3）预计工期：_____天。

（4）费用预算：设备_____元，材料_____元，人工_____元。

活动 3.【决策】确定路由网络的路径冗余解决方案，并向客户详细展示

（1）公司技术团队派代表以 PPT 方式展示解决方案，XX 公司维护人员提出问题。

提出的问题：_____

（2）通过现场展示、问答和研讨，方案进行了如下修改：_____

_____

_____

活动 4.【实施】带领客户的维护人员实施方案

YY 公司网络部门技术支持人员向 XX 公司相关人员展示项目实施方案，并会同网络维护人员实施路由优化方案，并将实施过程涉及的设备和配置命令记录在表 3-9 中。

表 3-9　设备配置表

序　号	设 备 编 号	配置、配置命令及实现目的（或命令解释）

活动 5.【检查】效果检查与评估

XX 公司维护人员检查 YY 公司各技术员的完成情况，口头向王总汇报实施效果。双方确认项目完工，填写表 3-10，对项目进行验收。

表 3-10 项目验收单

项目名称		施工时间	
用户单位（甲方）		施工单位（乙方）	
工作内容及过程简述：			
乙方项目负责人：	日期：　　年　　月　　日		
自检情况：			
乙方项目负责人：	日期：　　年　　月　　日		
用户意见及验收情况：			
甲方代表：	日期：　　年　　月　　日		

活动 6.【评价】任务评价与反馈

实施完成后，XX 公司维护人员检查 YY 公司各技术员的项目任务完成情况，向王总汇报实施效果。双方确认项目完工情况，填写表 3-11。

表 3-11 IT 公司技术员评价表

班级：			学号：			姓名：			日期：		
评价内容	自我评价			公司维护人员评价			王总评价				
	优秀	合格	不合格	优秀	合格	不合格	优秀	合格	不合格		
清楚解决办法											
解决方式可行											
展示详细明了											
培训过程顺利											
团队协助											
工作态度											
总体评价	（　　）优秀　　（　　）合格　　（　　）不合格 公司维护人员签名：　　　　　王总签名：										

知识链接

1. 路由

路由器属于网络层设备，能根据 IP 包头的信息选择一条最佳路径，将数据包转发出去，实现不同网段的主机之间的互相访问。路由就是指导 IP 数据包发送的路径信息。

2. 路由表

路由器转发数据包的关键是路由表。每个路由器中都保存着一张路由表，路由表中包含了目的地址、网络掩码、输出接口、下一跳 IP 地址。

（1）路由选择表项必须包括下面两个项目。

目的地址：用来标识 IP 包的目的地址或目的网络，包含主机或路由器所在的网段的地址。

指向目的地的指针：输出接口（说明 IP 包将从该路由器哪个接口转发）或下一跳 IP 地址（说明 IP 包所经由的下一个路由器的接口地址）。

（2）最精确的匹配，按程序递减的顺序，排列如下。

主机地址

子网

一组子网（一条汇总路由）

主网号

一组主网号（超网）

默认地址

（3）路由表的产生方式一般有以下 3 种。

① 直接路由：给路由器接口配置一个 IP 地址，路由器自动产生本接口 IP 所在网段的路由信息。

② 静态路由：通过手工的方式配置本路由器未知网段的路由信息，从而实现不同网段之间的连接，适用于拓扑结构简单的网络。

③ 动态路由协议学习产生的路由：在路由器上运行动态路由协议，路由器之间互相自动学习产生路由信息。

3. 静态路由、默认路由

静态路由是在路由器中设置的固定的路由。在绝大多数的路由中，静态路由优先级最高。

默认路由是一种特殊的静态路由，是指当路由表中与 IP 数据表的目的地址之间没有匹配的表项时，路由器能够做出的选择。静态路由和默认路由的配置命令见表 3-12。

表 3-12　静态路由和默认路由

命 令 格 式	解　　释	配 置 模 式
ip route network-number network-mask {ip-address | interface-id} {Distance metric}	静态路由配置命令 network-number：目的网络 network-mask：目的网络子网掩码 ip-address：下一跳地址 interface-id：接口号 Distance metric：管理距离度量值	全局配置模式
ip route 0.0.0.0　0.0.0.0　{ip-address | interface-id} {Distance metric}	默认路由配置命令 ip-address：下一跳地址 interface-id：接口号 Distance metric：管理距离度量值	
show ip route	查看路由表信息	特权模式

4. 动态路由

动态路由是网络中的路由器运行的动态路由协议通过相互传递路由信息、计算产生的路由。它能实时地适应网络结构的变化，适用于网络规模大、网络拓扑复杂的网络。

根据是否在一个自治系统内部使用，按照工作区域，路由协议可分为内部网关协议（IGP）和外部网关协议（EGP），其关系如图 3-4 所示。

内部网关协议（IGP）：在同一个自治系统内交换路由信息，RIP、OSPF 和 IS-IS 都属于 IGP。IGP 的主要目的是发现和计算自治域内的路由信息。

外部网关协议（EGP）：用于连接不同的自治系统并交换路由信息，主要使用路由策略和路由过滤等控制路由信息在自治域间的传播，应用的一个实例是 BGP。

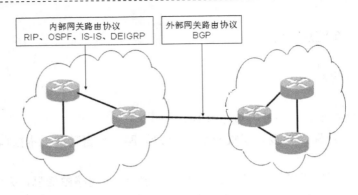

图 3-4　IGP 和 EGP

内部网关协议根据路由选择协议的算法不同划分为以下几种。

➢ **距离矢量**：根据距离矢量算法，确定网络中节点的方向和距离，包括 RIP 和 IGRP（思科专用协议）。

➢ **链路状态**：根据链路状态算法，计算生成网络拓扑，包括 OSPF 和 IS-IS 路由协议。

➢ **混合算法**：根据距离矢量和链路状态的某些方面进行集成，包括 EIGRP（思科专用协议）。

5. RIP 简介

RIP 的全称是 Routing Information Protocol，它是一种内部网关协议（IGP），用于一个自治系统（AS）内的路由信息的传递。RIP 是基于距离矢量算法（Distance Vector Algorithms）的，它使用"跳数"（一个报文从本节点到目的节点中途经的中转次数，也就是一个包到达目标所必须经过的路由器的数目），即 metric 来衡量到达目标地址的路由距离。目前有两个版本：RIPv1 与 RIPv2。

RIP 的局限性在于协议中规定，一条有效的路由信息的度量（metric）不能超过 15，这就使得该协议不能应用于超大型的网络，应该说正是由于设计者考虑到该协议只适合于小型网络所以才进行了这一限制。对于 metric 值为 16 的目标网络来说，即认为其不可到达。

该路由协议应用到实际中时，很容易出现"计数到无穷大"的现象，这使得路由收敛很慢，在网络拓扑结构变化以后需要很长时间路由信息才能稳定下来。

该协议以跳数，即报文经过的路由器个数为衡量标准，并以此来选择路由，这一措施欠合理性，因为没有考虑网络延时、可靠性、线路负荷等因素对传输质量和速度的影响。

其中 RIPv1 使用广播的方式发送路由更新，路由更新信息中不携带子网掩码，为有类路由协议，RIP 报文大小限制是 512 字节，最多可以携带 25 条路由信息。RIPv2 路由信息中加入了子网掩码，它是无类的路由协议，发送更新报文的方式为组播，组播地址为224.0.0.9，而且支持认证。

6. OSPF 路由协议

开放最短路由优先协议（OSPF）是一种基于链路状态的路由协议，OSPF 是一类内部网关协议（IGP），用于属于单个自治体系的路由器之间的路由选择，它通过收集和传递自治系统（AS）的链路状态来动态发现并传播路由。

OSPF 计算路由是以本路由器周边网络的拓扑结构为基础的。每台路由器将自己周边的网络拓扑描述出来，并传递给其他的路由器。

7. BGP 路由协议

BGP（Border Gateway Protocol）是一种自治系统间的动态路由发现协议，是一种外部路由协议，与 OSPF、RIP 等内部路由协议不同，其着眼点不在于发现和计算路由，而在于控制路由的传播和选择最好的路由。

8. RIP 的特性

路由器最初启动时只包含了其直连网络的路由信息，并且其直连网络的 metric 值为 1，然后它向周围的其他路由器发出完整路由表的 RIP 请求（该请求报文的"IP 地址"字段为 0.0.0.0）。路由器根据接收到的 RIP 应答来更新其路由表，具体方法是添加新的路由表项，并将其 metric 值加 1。如果接收到与已有表项的目的地址相同的路由信息，则分下面三种情况分别对待。第一种情况，已有表项的来源端口与新表项的来源端口相同，那么无条件根据最新的路由信息更新其路由表；第二种情况，已有表项与新表项来源于不同的端口，那么比较它们的 metric 值，将 metric 值较小的一个作为自己的路由表项；第三种情况，新旧表项的 metric 值相等，普遍的处理方法是保留旧的表项，如图 3-5 所示。

> 最多支持的跳数为 15，跳数 16 表示不可达。
> 跳数最小即为最优路由，跳数相同则为等代价路由。
> 使用 UDP 520 端口交换路由信息。
> 周期性更新，路由更新为完整的路由表。
> 路由信息每经过一个路由器，跳数加 1。
> 使用多个时钟以保证路由的有效性与及时性。

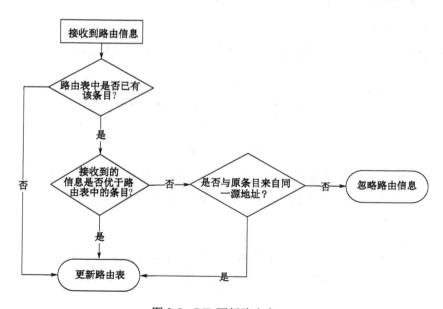

图 3-5 RIP 更新路由表

9. RIPv1 对 RIP 报文中 "版本" 字段的处理

RIPv1 使用广播的方式发送路由更新，路由更新信息中不携带子网掩码，为有类路由协议。

RIP 报文大小限制是 512 字节，最多可以携带 25 条路由信息（表 3-13）。

表 3-13 RIP 报文

第 1 字节	第 2 字节	第 3 字节	第 4 字节
命令	版本号	0（未使用）	
地址族标识符		0（未使用）	
网络地址			
0（未使用）			
0（未使用）			
度量值			

0：忽略该报文。

1：RIOv1 报文，检查报文中 "必须为 0" 的字段，若不符合规定，忽略该报文。

>1：不检查报文中 "必须为 0" 的字段，仅处理 RFC 1058 中规定的有意义的字段。因此，运行 RIPv1 的机器能够接收处理 RIPv2 的报文，但会丢失其中的 RIPv2 新规定的那些信息。

10. RIPv1 对地址的处理

RIPv1 不能识别子网网络地址，因为在其传送的路由更新报文中不包含子网掩码，因此 RIP 路由信息要么是主机地址，用于点对点链路的路由；要么是 A、B、C 类网络地址，用于以太网等的路由；另外，还可以是 0.0.0.0，即默认路由信息。

11. 计数到无穷大

由于 RIP 的局限性，可能出现的计数到无穷大的现象，如图 3-6 所示。

图 3-6　RIP 网络

在正常情况下，对于目标网络 C，路由器 A 的 metric 值为 1，路由器 B 的 metric 值为 2。当目标网络与路由器 A 之间的链路发生故障而断掉以后，如图 3-7 所示。

图 3-7　故障网络

路由器 A 会将针对目标网络 C 的路由表项的 metric 值置为 16，即标记为目标网络不可达，并准备在每 30 秒进行一次的路由表更新中发送出去，如果在这条信息还未发出的时候，路由器 A 收到了来自 B 的路由更新报文，而 B 中包含着关于 C 的 metric 值为 2 的路由信息，根据前面提到的路由更新方法，路由器 A 会错误地认为有一条通过路由器 B 的路径可以到达目标网络 C，从而更新其路由表，将对于目标网络 C 的路由表项的 metric 值由 16 改为 3，而对应的端口变为与路由器 B 相连接的端口。路由器 A 会将该条信息发给路由器 B，路由器 B 将无条件更新其路由表，将 metric 值改为 4；该条信息又从 B 发向 A，A 将 metric 值改为 5……最后双方的路由表关于目标网络 C 的 metric 值都变为 16，此时，才真正得到了正确的路由信息。这种现象称为"计数到无穷大"现象，虽然最终完成了收敛，但是收敛速度很慢，而且浪费了网络资源来发送这些信息。

12. 提高 RIP 性能的措施

1）毒化路由

使用无穷大的度量（16 跳）传播关于路由失效的消息，即毒化路由。

2）水平分割

"计数到无穷大"现象中，产生的原因是路由器 A、路由器 B 之间互相传送了"错误信息"，那么针对这种情况，自然会想到如果能将这些"错误信息"去掉，那么不就可以在一定程度上避免"计数到无穷大"了吗？水平分割正是这样一种解决手段。

"普通的水平分割"：如果一条路由信息是从某端口学习到的，那么从该端口发出的路由更新报文中将不再包含该条路由信息。

3）毒化逆转

如果一条"毒化路由"（这条信息的 metric 置为 16）信息是从某端口学习到的，那么这条路由忽略"水平分割"，从该端口发出的路由更新报文中将继续包含该条路由信息。

"普通的水平分割"能避免欺骗信息的发送，而且减小了路由更新报文的大小，节约了网络带宽；"带毒化逆转的水平分割"能够更快地消除路由信息的环路，但是增加了路由更新的负担。这两种措施的选择可根据实际情况进行选择。

4）触发更新

"水平分割"能够消除两台路由器间的欺骗信息的相互循环，但是当牵涉到三台或以上的路由器时，"水平分割"并不能完全消除计数到无穷大的问题。"触发更新"即在改变一条路由度量时立即广播一条更新消息，而不管 30 秒更新计时器还剩多少时间，从而更好地避免计数到无穷大等问题。

13. RIP 中的 4 个定时器

RIP 中一共使用了 4 个定时器：update timer，timeout timer，garbage timer，holddown timer。

update timer 用于每 30 秒发送路由更新报文。

timeout timer 用于路由信息失效前的 180 秒的计时，每次收到同一条路由信息的更新信息就将该计数器复位，如图 3-8 所示。

garbage timer 和 holddown timer 同时用于将失效的路由信息删除前的计时：在 holddown timer 的时间内，失效的路由信息不能被接收到的新信息所更新；在 garbage timer 计时器超时后，失效的路由信息被删除。

另外，在触发更新中，更新信息会需要 1～5 秒的随机延时后才被发出，这里也需要一个计时器。

图 3-8   RIP 的计时器

14. RIPv2 简介

RIPv2 使用了 RIPv1 中"必须为 0"的字段，增加了一些对于路由的有用信息，其主要新增的特性如下（表 3-14）。

> 报文中包含子网掩码，可以进行子网路由。
> 支持明文/MD5 验证。
> 报文中包含了下一跳 IP，为路由的选优提供了更多的信息。
> RIPv2 发送更新报文的方式为组播，组播地址为 224.0.0.9。

表 3-14   RIPv1 和 RIPv2 特性比较

特　　　性	RIPv1	RIPv2
采用跳数为度量值	是	是
15 是最大的有效度量值，16 为无穷大	是	是
默认 30s 更新周期	是	是
周期性更新时发送全部路由信息	是	是
拓扑改变时发送只针对变化的触发更新	是	是
使用路由毒化、水平分割、毒性逆转	是	是
使用抑制计时器	是	是
发送更新的方式	广播	组播
使用 UDP 520 端口发送报文	是	是
更新中携带子网掩码，支持 VLSM	否	是
支持认证	否	是

15. RIP 相关配置命令

启动 RIP 进程：

Router （config）# router rip

定义 RIP 的版本：

Router （config-router）# version {1 | 2}

定义关联网络：

Router （config-router）# network network-number

> RIP 只对外通告关联网络的路由信息。
> RIP 只向关联网络所属接口通告路由信息。

关闭 RIPv2 自动汇总：

Router （config-router）# no auto-summary

路由自动汇总：当子网路由穿越有类网络边界时，将自动汇总成有类网络，RIPv2 默认情况下将子网路由进行路由自动汇聚，RIPv1 不支持该功能。

RIP 被动接口：RIP 路由器的某个端口仅仅学习 RIP 路由，并不进行 RIP 路由通告

Router （config-router）#passive-interface {default |interface-type interface-num}

拓展训练

拓展练习 1：XX 公司的网络新旧交替，运维人员在使用的过程用发现 RIP 不能对链路进行优化，在网络情况略显复杂时，流量不能选择合适的链路，现请你给出一个可行的做法。

（1）拟采用的技术：_____

（2）阐述具体的做法：

_____

_____

_____

拓展练习 2：在网络的使用中，运维人员发现有私接路由器，影响路由的选择，现请你给出一个可行的做法防止私接路由器对网络的影响。

（1）拟采用的技术：_____

（2）阐述具体的做法：

_____

_____

_____

项目四

●●●●● 网络安全

项目情景

XX 公司扩大发展，网络规模扩大，网络在生产实践中的地位逐渐加重，随着网络中的数据和网络设备的日益增多，员工对设备的误操作和对数据的非法访问越来越多，网络安全控制成为网络高效运行的重要保证。

因此，王总决定禁止员工访问一些与工作无关的网站，确保只有网管能对所有的网络设备进行配置维护，同时对内部的数据访问范围进行限制，为此打电话给负责网络系统维护的林工。

接到电话后，林工马上进行梳理，并拟定了解决方案。项目拓扑结构如图 4-1 所示。

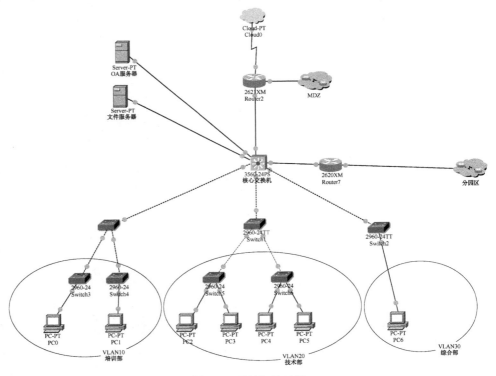

图 4-1　项目拓扑结构

学习目标

专业能力

➢ 能根据网络需求确定网络的访问控制策略。

➢ 能根据安全策略需求配置标准访问控制列表。

➢ 能根据安全策略需求配置扩展的访问控制列表。

➢ 能根据安全策略需求配置命名的访问控制列表。

社会能力

➢ 能够与技术团队一起制定解决问题的方案。

➢ 能够向客户详细展示解决方案。

➢ 能够对客户的维护人员进行培训。

方法能力

➢ 能够利用前面所学的知识，结合"知识链接"、产品技术说明手册和网络资料，探究解决问题的办法。

任务 1 配置标准访问控制列表

任务描述

根据 XX 公司王总的描述，林工要在保证公司现有网络可用的前提下，解决禁止来宾用户网段访问公司内部网站的问题。

学习目标

➢ 能够利用前面所学的知识，结合"知识链接"、产品说明书，探究解决问题的办法。

➢ 能够与技术团队一起制定解决问题的方案。

➢ 能够制定合适的网络安全策略。

➢ 能够根据需求撰写相关文档。

➢ 能够向客户详细展示解决方案。

参考学时

16 学时

任务实施

说明：可采用角色扮演方式，实施项目教学，每组学生不超过 5 人，其中，两名学生分别扮演公司服务器，两名学生分别扮演内部和外部用户，教师扮演 XX 公司王总，一名学生扮演网络维护人员（观察员）。

活动 1.【资讯】了解访问控制列表技术

通过阅读"知识链接"、查询互联网资料，回答以下问题。

访问控制列表（Access Control List，ACL）可分为＿＿＿＿＿＿、＿＿＿＿＿＿类型。

＿＿＿＿＿＿根据源网络、子网或主机 IP 地址允许或拒绝整个协议簇。

＿＿＿＿＿＿检查分组的源地址和目标地址，还可检查协议、端口号和其他参数。

可使用两种方式来标识＿＿＿＿＿＿ACL 和＿＿＿＿＿＿ACL。

＿＿＿＿＿＿的 ACL 使用数字进行标识。

＿＿＿＿＿＿ACL 使用描述性名称或编号进行标识。

访问控制列表用于控制网络流量的访问，同时也可以用作某些感兴趣流量的定义，比如：定义要被＿＿＿＿＿＿的流量、要被＿＿＿＿＿＿的流量等。基础的访问控制列表包括＿＿＿＿＿＿ACL 和＿＿＿＿＿＿ACL。

标准 ACL 只检查数据包的＿＿＿＿＿＿。

ACL 是一系列＿＿＿＿＿＿或＿＿＿＿＿＿语句组成的顺序列表。

活动 2.【计划】拟定来宾用户网段禁止访问公司内部网站的解决方法

通过网络工程师林工的研究和思考，他认为可以采用＿＿＿＿＿＿＿＿＿＿＿＿解决禁止来宾用户网段访问公司内部网站的问题。

（1）拟采用的技术：＿＿＿＿＿＿＿＿＿＿＿＿＿＿＿＿＿＿。

（2）预计工期：＿＿＿＿＿＿天。

活动 3.【决策】确定解决方案，并向 XX 公司王总详细展示

（1）YY 公司技术团队派代表以 PPT 方式展示解决方案，XX 公司维护人员提出问题。

提出的问题：＿＿＿＿＿＿＿＿＿＿＿＿＿＿＿＿＿＿＿＿

（2）通过现场展示、问答和研讨，方案进行了如下修改：

＿＿＿＿＿＿＿＿＿＿＿＿＿＿＿＿＿＿＿＿＿＿＿＿＿＿＿＿

＿＿＿＿＿＿＿＿＿＿＿＿＿＿＿＿＿＿＿＿＿＿＿＿＿＿＿＿

活动 4.【实施】林工在相应设备上实施方案

YY 公司林工向 XX 公司相关人员展示项目实施方案，并会同网络维护人员实施访问控制列表的配置，并把详细配置步骤记录到表 4-1 中。

表 4-1　配置命令列表

命 令 参 数	描　　述

活动 5.【检查】效果检查与评估

XX 公司维护人员检查 YY 公司各技术员的完成情况，口头向王总汇报实施效果。双方确认项目完工，填写表 4-2，对项目进行验收。

表 4-2 项目验收单

项目名称		施工时间	
用户单位（甲方）		施工单位（乙方）	
工作内容及过程简述：			
乙方项目负责人：	日期： 年 月 日		
自检情况：			
乙方项目负责人：	日期： 年 月 日		
用户意见及验收情况：			
甲方代表：	日期： 年 月 日		

活动 6.【评价】任务评价与反馈

实施完成后，XX 公司维护人员检查 YY 公司各技术员的项目任务完成情况，向王总汇报实施效果。双方确认项目完工情况，填写表 4-3。

表 4-3 技术员评价表

班级：		学号：		姓名：		日期：		
评价内容	自我评价			公司维护人员评价			王总评价		
	优秀	合格	不合格	优秀	合格	不合格	优秀	合格	不合格
清楚解决办法									
解决方式可行									
展示详细明了									
实施过程顺利									
团队协作									
工作态度									
总体评价	（ ）优秀 （ ）合格 （ ）不合格 公司维护人员签名： 王总签名：								

知识链接

1. ACL 的概念

访问控制列表是应用在路由器接口的指令列表，用来控制端口进出的数据包。访问列表（access-list）就是一系列允许和拒绝条件的集合，通过访问列表可以过滤发进和发出的信息包的请求，实现对路由器和网络的安全控制。路由器一个一个地检测包与访问列表的条件，在满足第一个匹配条件后，就可以决定路由器接收或拒收该包。

ACL 的基本原理是使用包过滤技术，在路由器上（三层交换机）读取第三层及第四层包头中的信息，如源地址、目的地址、源端口、目的端口等，根据预先定义好的规则对包进行过滤，从而达到访问控制的目的。

2. ACL 的功能

网络中的节点分为资源节点和用户节点两大类，其中资源节点提供服务或数据，用户节点访问资源节点所提供的服务与数据。ACL 的主要功能就是一方面保护资源节点，阻止非法用户对资源节点的访问，另一方面限制特定的用户节点所能具备的访问权限。

在实施 ACL 的过程中，应当遵循如下两个基本原则。

最小特权原则：只给受控对象完成任务所必需的最小权限。

最靠近受控对象原则：所有的网络层访问权限控制在最靠近被控制对象的位置。

3. ACL 的局限性

由于 ACL 是使用包过滤技术来实现的，过滤的依据仅仅是第三层和第四层包头中的部分信息，这种技术具有一些固有的局限性，如无法识别到具体的人，无法识别到应用内部的权限级别等。因此，要达到"end to end"的权限控制目的，需要和系统级及应用级的访问权限控制结合使用。

由于每一个数据包都要进行拆包，所以对三层交换机、路由器的 CPU 处理能力要求就非常高。

太多的 ACL 会严重影响网络的速度。

4. ACL 的执行

访问列表的主要作用是过滤不需要的数据包，因此在设置 ACL 的时候需要注意一些规则：

（1）ACL 的执行按顺序比较，先比较第一行，再比较第二行……直到最后 1 行。

（2）从第一行起，直到找到 1 个符合条件的行，符合以后，其余的行就不再继续比较了。

（3）默认每个 ACL 中最后 1 行为隐含的拒绝（deny），如果之前没找到条许可（permit）语句，意味着包将被丢弃，所以每个 ACL 必须至少要有 1 行 permit 语句，除非要丢弃所有数据包。

5. ACL 的配置原则

ACL 配置中需要注意 3P 原则（即可以为每种协议（per Protocol）、每个方向 （per Direction）、每个接口（per Interface）配置一个 ACL）：

（1）每种协议一个 ACL：要控制接口上的流量，必须为接口上启用的每种协议定义相应的 ACL。

（2）每个方向一个 ACL：一个 ACL 只能控制接口上一个方向的流量。要控制入站流量和出站流量，必须分别定义两个 ACL。

（3）每个接口一个 ACL：一个 ACL 只能控制一个接口（例如快速以太网 0/0）上的流量。

6. ACL 的分类

目前有三种主要的 ACL，分别是标准 ACL、扩展 ACL 及命名 ACL。其他的还有标准 MAC ACL、时间控制 ACL、以太协议 ACL、IPv6 ACL 等。

标准的 ACL 使用 1～99 及 1300～1999 的数字作为表号，扩展的 ACL 使用 100～199 及 2000～2699 的数字作为表号。

标准 ACL 可以阻止来自某一网络的所有通信流量，或者允许来自某一特定网络的所有通信流量，或者拒绝某一协议簇（比如 IP）的所有通信流量。

扩展 ACL 比标准 ACL 提供了更广泛的控制范围。例如，网络管理员如果希望做到"允许外来的 Web 通信流量通过，拒绝外来的 FTP 和 Telnet 等通信流量"，那么，他可以使用扩展 ACL 来达到目的，标准 ACL 不能控制得这么精确。

在标准与扩展访问控制列表中均要使用表号，而在命名访问控制列表中使用一个字母或数字组合的字符串来代替前面所使用的数字。使用命名访问控制列表可以用来删除某一条特定的控制条目，这样可以在使用过程中方便地进行修改。在使用命名访问控制列表时，要求路由器的 IOS 的版本在 11.2 以上，并且不能以同一名字命名多个 ACL，不同类型的 ACL 也不能使用相同的名字。

随着网络的发展和用户要求的变化，从 IOS 12.0 开始，思科（Cisco）路由器新增加了一种基于时间的访问列表。通过它，可以根据一天中的不同时间，或者根据一星期中的不同日期，或二者相结合来控制网络数据包的转发。这种基于时间的访问列表，就是在原来的标准访问列表和扩展访问列表中，加入有效的时间范围来更合理有效地控制网络。首先定义一个时间范围，然后在原来的各种访问列表的基础上应用它。

基于时间访问列表的设计中，用 time-range 命令来指定时间范围的名称，然后用 absolute 命令，或者一个或多个 periodic 命令来具体定义时间范围。

7. 基于 IP 的标准 ACL 的特性

（1）使用 ACL 的列表序号 1～99。

（2）只能控制基于源地址的流量访问。

（3）必须将其应用于距离目标最近的位置。

（4）使用通配符掩码进行识别。

（5）采取逐条 ACL 语句的匹配原则。

（6）在所有 ACL 语句的结束处有一条隐藏的拒绝一切流量的语句。

拓展训练

除了计划使用的解决方案还可以采用其他技术吗？现请你给出一个可行的做法。

（1）拟采用的技术：_____

（2）阐述具体的做法：

_____

_____

_____

课后练习

1. 标准访问控制列表以（　　　）作为判断条件。

　　A．数据包的大小　　　　　　　　B．数据包的源地址

　　C．数据包的端口号　　　　　　　D．数据包的目的地址

2. 根据访问控制列表的命令完成表 4-4 和表 4-5 中的命令语法描述。

（1）access-list 1 permit 172.16.0.0 0.0.0.255

表 4-4　只允许特定网络的编号的 IPv4 标准 ACL 示例

命令 access-list 的参数	描　述
1	
permit	
172.16.0.0	
0.0.255.255	

（2）access-list 1 deny 172.16.4.13 0.0.0.0

access-list 1 permit 0.0.0.0 255.255.255.255

表 4-5　拒绝特定主机的编号的 IPv4 标准 ACL 示例

命令 access-list 的参数	描　述
1	
deny	
172.16.4.13	
0.0.0.0	
permit	
0.0.0.0	
255.255.255.255	

3．标准 ACL 放置在什么位置上比较合理？在如图 4-2 所示的网络中，请设计使用标准 ACL 拒绝通信源子网 192.168.1.0 对服务器 A 所在子网的任何访问，但是允许访问服务器 B 和 C 所在的子网；然后思考将标准 ACL 应用于该演示环境中哪台路由器的具体接口。

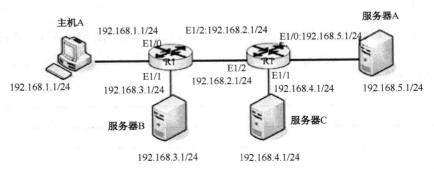

图 4-2　ACL 应用拓扑

因为使用的是标准访问控制列表，标准访问控制列表只能匹配源地址，所以应该将标准访问控制列表应用于距离目标最近的位置，如果将 ACL 应用于距离控制源最近的位置，那么将导致 192.168.1.0 子网无法访问其他任何网络。再次强调：标准 ACL 只能匹配源地址。

任务 2　配置扩展的访问控制列表

任务描述

根据 XX 公司王总的需求，林工要在保证公司现有网络可用的前提下，解决客户端只允许访问某一服务器的某项服务的功能。

学习目标

➤ 能够利用前面所学的知识，结合"知识链接"、产品说明书，探究解决问题的办法。
➤ 能够与技术团队一起制定解决问题的方案。
➤ 能够制定合适的网络安全策略。
➤ 能够根据需求撰写相关文档。
➤ 能够向客户详细展示解决方案。

参考学时

8 学时

任务实施

说明：可采用角色扮演方式，实施项目教学，每组学生不超过 5 人，其中，两名学生分别扮演公司服务器，两名学生分别扮演内部和外部用户，教师扮演 XX 公司王总，一名学生扮演网络维护人员（观察员）。

活动 1.【资讯】了解扩展的访问控制列表技术

通过阅读"知识链接"、查询互联网资料，回答以下问题。

标准 ACL 无法同时匹配通信源地址与＿＿＿＿＿＿＿＿。

192.168.1.0/17 和 192.168.1.0/25 所对应的通配符掩码分别是＿＿＿＿＿＿＿＿＿＿＿＿。

数据包过滤有时也称＿＿＿＿＿＿＿＿数据包过滤。

通过分析＿＿＿＿＿＿＿＿和＿＿＿＿＿＿＿＿的数据包并根据给定的条件传递或丢弃数据包。

当路由器根据＿＿＿＿＿＿＿＿规则转发或拒绝数据包时，它便充当了一种数据包过滤器。

ACL 是一系列＿＿＿＿＿＿＿＿或＿＿＿＿＿＿＿＿语句组成的顺序列表，称为访问控制条目（ACE）。

ACL 的执行需要按照列表中的＿＿＿＿＿＿＿＿语句执行顺序来判断。如果一个数据包的包头跟某个＿＿＿＿＿＿＿＿判断语句相匹配，那么后面的语句将不再进行检查。

数据包只有与＿＿＿＿＿＿＿＿判断条件不匹配时，才与 ACL 中的＿＿＿＿＿＿＿＿条件判断语句进行比较。如果＿＿＿＿＿＿＿＿，则数据都会立即发送到目的接口。如果所有的 ACL 判断语句都检测完毕，仍＿＿＿＿＿＿＿＿的语句，则该数据包将被拒绝而丢弃。ACL 不能对本路由器产生的数据包进行控制。

活动 2.【计划】拟定客户端只允许访问某一服务器的某项服务功能的解决方法

通过林工的研究和思考，他认为可以采用_____实现客户端只允许访问某一服务器的某项服务的功能。

（1）拟采用的技术：_____。

（2）预计工期：_____天。

（3）费用预算：设备_____元，材料_____元，人工_____元。

活动 3.【决策】确定解决方案，并向王总详细展示

（1）公司技术团队派代表以 PPT 方式展示解决方案，XX 公司维护人员提出问题。

提出的问题：_____

（2）通过现场展示、问答和研讨，方案进行了如下修改：

_____

_____

活动 4.【实施】林工在相应设备上实施方案

YY 公司林工向 XX 公司相关人员展示项目实施方案，并会同网络维护人员实施访问控制列表的配置，并把详细配置步骤记录到表 4-6 中。

表 4-6　配置命令列表

命 令 参 数	描　　述

活动 5.【检查】效果检查与评估

XX 公司维护人员检查 YY 公司各技术员的完成情况，口头向王总汇报实施效果。双方确认项目完工，填写表 4-7，对项目进行验收。

表 4-7　项目验收单

项目名称		施工时间	
用户单位（甲方）		施工单位（乙方）	
工作内容及过程简述： 乙方项目负责人：　　　　　　　日期：　　年　　月　　日			
自检情况： 乙方项目负责人：　　　　　　　日期：　　年　　月　　日			
用户意见及验收情况： 甲方代表：　　　　　　　　　　日期：　　年　　月　　日			

活动 6.【评价】任务评价与反馈

实施完成后，XX 公司维护人员检查 YY 公司各技术员的项目任务完成情况，向王总汇报实施效果。双方确认项目完工情况，填写表 4-8。

表 4-8　YY 公司技术员评价表

班级：			学号：			姓名：		日期：	
评价内容	自我评价			公司维护人员评价			王总评价		
	优秀	合格	不合格	优秀	合格	不合格	优秀	合格	不合格
清楚解决办法									
解决方式可行									
展示详细明了									
实施过程顺利									
团队协助									
工作态度									
总体评价	（　　）优秀　　（　　）合格　　（　　）不合格								
	公司维护人员签名：　　　　　　　王总签名：								

知识链接

（1）基于 IP 的扩展 ACL 的特性如下。

① ACL 的列表序号使用 100～199。

② 能够同时基于源地址和目标地址来控制流量访问。

③ 能够使用不同协议的端口号来控制网络流量，达到比标准 ACL 更粒度化的控制。

④ 可以将其应用于距离源地址最近的位置。

⑤ 使用通配符掩码进行识别。

⑥ 采取逐条 ACL 语句的匹配原则。

⑦ 在所有 ACL 语句的结束处有一条隐藏的拒绝一切流量的语句。

（2）扩展 ACL 放置在什么位置上比较合理？在如图 4-3 所示的网络拓扑中，要求主机 A（192.168.1.2）可以访问服务器 A 的 Web 服务，但是不允许主机 A ping 通服务器 A 所在的子网；允许主机 A ping 通服务器 B 和服务器 C 所在的子网。请使用扩展 ACL 完成上述的控制要求，并思考应用 ACL 的位置。

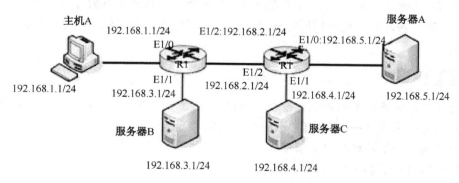

图 4-3　扩展 ACL 应用拓扑图

将 ACL 应用到路由器 R1 的 E1/0 接口，也就是距离源子网最近的位置，这样做可以让 ACL 的利用率更高，流量更合理，因为扩展 ACL 能同时匹配源地址与目标地址，所以从理论上讲，只要能达到控制标准，在流量经过的任何设备上都可以进行应用。但是建议在距离源子网最近的位置应用它，因为没有必要将最终被过滤的流量转发到目标或中途才丢弃，这样利用宝贵的带宽不科学。

拓展训练

除了计划使用的解决方案还可以采用其他技术吗？现请你给出一个可行的做法。

（1）拟采用的技术：＿＿＿＿＿＿＿＿＿＿＿＿＿＿＿＿＿＿＿＿＿＿＿＿

（2）阐述具体的做法：

＿＿＿＿＿＿＿＿＿＿＿＿＿＿＿＿＿＿＿＿＿＿＿＿＿＿＿＿＿＿＿＿＿＿＿

＿＿＿＿＿＿＿＿＿＿＿＿＿＿＿＿＿＿＿＿＿＿＿＿＿＿＿＿＿＿＿＿＿＿＿

课后练习

1. 什么时候使用访问控制列表？
2. 常用的访问控制列表的类型有哪些？
3. 不同类型的访问控制列表有不同的编号，下列描述正确的是（   ）。
    A．标准的访问控制列表编号范围是 1～100
    B．拓展的访问控制列表编号范围是 100～199
    C．二层的访问控制列表编号范围是 4000～4999
    D．基于接口的访问控制列表编号范围是 1000～2000

任务3　配置命名的访问控制列表

任务描述

根据 XX 公司王总的要求，为了方便后期其他网络工程师能够看懂林工在网络设备上写的访问控制列表，并且能根据网络的不同需求进行修改，林工程师确定配置命名的访问控制列表。

学习目标

➢ 能够利用前面所学的知识，结合"知识链接"、产品说明书，探究解决问题的办法。
➢ 能够与技术团队一起制定解决问题的方案。
➢ 能够制定合适的网络安全策略。
➢ 能够根据需求撰写相关文档。
➢ 能够向客户详细展示解决方案。

参考学时

8 学时

任务实施

说明：可采用角色扮演方式，实施项目教学，每组学生不超过 5 人，其中，两名学生分别扮演公司服务器，两名学生分别扮演内部和外部用户，教师扮演 XX 公司王总，一名学生扮演网络维护人员（观察员）。

活动 1.【资讯】了解命名的访问控制列表技术

通过阅读"知识链接"、查询互联网资料，回答以下问题。

ACL 在一个接口上可以进行双向控制，即配置两条命令，一条为＿＿＿＿＿＿，另一条为＿＿＿＿＿＿，在一个接口的一个方向上，只能有一个＿＿＿＿＿＿控制。

默认情况下路由器不会过滤＿＿＿＿＿＿。传输到路由器的流量根据路由表中的信息独立路由。

数据包过滤通过分析＿＿＿＿＿＿和＿＿＿＿＿＿的数据包并根据一些条件（例如源 IP 地址、目的 IP 地址和数据包内传输的协议）传递或丢弃数据包，从而控制网络访问。

数据包过滤路由器使用特定＿＿＿＿＿＿确定是允许还是拒绝流量。路由器还可以在第四层（传输层）执行数据包过滤。

ip access-list＿＿＿＿＿＿name 命令用于创建标准命名 ACL，而 ip access-list＿＿＿＿＿＿name 命令用于创建扩展访问列表。

扩展 ACL 既检查数据包的＿＿＿＿＿＿，也检查数据包的＿＿＿＿＿＿，同时还可以检查数据包的特定协议类型、端口号等。

扩展访问控制列表用于扩展报文过滤能力。允许用户根据源和目的地址、＿＿＿＿＿＿、源和目的＿＿＿＿＿＿等过滤报文。扩展访问控制列表使用的 ACL 号为＿＿＿＿＿＿到＿＿＿＿＿＿。

活动 2.【计划】拟定把网络设备现有编号访问控制列表改为命名的访问控制列表的解决方法

通过林工的研究和思考，他认为可以采用＿＿＿＿＿＿＿＿＿＿＿＿解决网络设备访问控制列表 ACL 命名问题。

（1）拟采用的技术：＿＿＿＿＿＿＿＿＿＿＿＿＿＿＿＿＿＿。

（2）预计工期：＿＿＿＿＿＿天。

（3）费用预算：设备＿＿＿＿＿＿元，材料＿＿＿＿＿＿元，人工＿＿＿＿＿＿元。

活动 3.【决策】确定解决方案，并向王总详细展示

（1）公司技术团队派代表以 PPT 方式展示解决方案，XX 公司维护人员提出问题。

提出的问题：＿＿＿＿＿＿＿＿＿＿＿＿＿＿＿＿＿＿＿＿＿＿＿＿＿＿

（2）通过现场展示、问答和研讨，方案进行了如下修改：

＿＿＿＿＿＿＿＿＿＿＿＿＿＿＿＿＿＿＿＿＿＿＿＿＿＿＿＿＿＿＿＿＿＿＿＿＿

＿＿＿＿＿＿＿＿＿＿＿＿＿＿＿＿＿＿＿＿＿＿＿＿＿＿＿＿＿＿＿＿＿＿＿＿＿

活动 4.【实施】林工在相应设备上实施方案

YY 公司林工程师向 XX 公司相关人员展示项目实施方案，并会同网络维护人员实施访问控制列表的配置，并把详细配置步骤记录到表 4-9 中。

表 4-9　配置命令列表

命 令 参 数	描　　述

活动 5.【检查】效果检查与评估

XX 公司维护人员检查 YY 公司各技术员的完成情况，口头向王总汇报实施效果。双方确认项目完工，填写表 4-10，对项目进行验收。

表 4-10　项目验收单

项目名称		施工时间	
用户单位（甲方）		施工单位（乙方）	
工作内容及过程简述： 乙方项目负责人：	日期：	年　月　日	
自检情况： 乙方项目负责人：	日期：	年　月　日	
用户意见及验收情况： 甲方代表：	日期：	年　月　日	

活动 6.【评价】任务评价与反馈

实施完成后，XX 公司维护人员检查 YY 公司各技术员的项目任务完成情况，向王总汇报实施效果。双方确认项目完工情况，填写表 4-11。

表 4-11　YY 公司技术员评价表

班级：		学号：			姓名：			日期：		
评价内容	自我评价			公司维护人员评价			王总评价		
	优秀	合格	不合格	优秀	合格	不合格	优秀	合格	不合格
清楚解决办法									
解决方式可行									
展示详细明了									
实施过程顺利									
团队协助									
工作态度									
总体评价	（　）优秀　　　（　）合格　　　（　）不合格 公司维护人员签名：　　　　　　　王总签名：								

知识链接

命名的访问控制列表，或称基于名称的访问控制列表，并不是一种新的 ACL 技术，事实上，它构造于上面所述的标准 ACL 和扩展 ACL 技术之上，它继承了标准 ACL 和扩展 ACL 所具备的所有特性与实施原则。以数字编号作为名称的 ACL 在应用一段时间后，有时管理员往往会忘记这些 ACL 的过滤功能是什么，因为数字编号永远不方便记忆。例如：有一个控制访问财务部门的 ACL101 共有 50 条控制语句，从配置日期开始过了几年后，管理员还会记得这个 ACL101 是干什么的吗？如果在这几年里，管理员离职了，新加入的管理员能成功地识别 ACL101 中的 50 条控制语句是做什么的吗？所以，可以采取命名 ACL 的方案来替代原来的以数字编号作为标识的标准 ACL 或扩展 ACL，这样 ACL 将具有标识性意义。

ip access-list standard name 命令用于创建标准命名 ACL，而 ip access-list extended name 命令用于创建扩展访问列表。IPv4 ACL 语句包括通配符掩码。配置 ACL 之后，可以在接口配置模式下使用 ip access-group 命令将其关联到接口。

ACL 的最后一条语句通常是拦截所有流量的隐式 deny 语句。为了防止 ACL 末尾的隐式 deny ANY 语句拦截所有流量，可以添加 permit ip any any 语句。当网络流量经过配置了 ACL 的接口时，路由器会将数据包中的信息与每个条目按顺序进行比较，以确定数据包是否匹配其中一条语句。如果找到匹配项，就将数据包进行相应的处理。ACL 要么配置用于入站流量，要么用于出站流量。

拓展训练

除了计划使用的解决方案还可以采用其他技术吗？现请你给出一个可行的做法。

（1）拟采用的技术：＿＿＿＿＿＿＿＿＿＿＿＿＿＿＿＿＿＿＿＿＿＿＿

（2）阐述具体的做法：

＿＿＿＿＿＿＿＿＿＿＿＿＿＿＿＿＿＿＿＿＿＿＿＿＿＿＿＿＿＿＿＿＿＿＿

＿＿＿＿＿＿＿＿＿＿＿＿＿＿＿＿＿＿＿＿＿＿＿＿＿＿＿＿＿＿＿＿＿＿＿

课后练习

1. 访问控制列表的动作分为哪几种？
2. 标准 ACL 和扩展 ACL 能够匹配的数据流类型有什么不同？
3. 拓展访问控制列表不能使用（　　）参数。
    A．物理接口　　　　B．目的端口号　　　　C．协议号　　　　D．时间范围

任务 4　配置防火墙

任务描述

在网络安全威胁泛滥的今天，利用防火墙技术保护网络的安全已经成为一项极为重要的任务。随着 XX 公司网络规模的扩大，网络安全的要求也越来越高。根据 XX 公司王总的要求，小林要在保证公司现有网络可用的前提下，利用防火墙的控制访问、检查流量、网络区域的配置与策略配置等加强对网络威胁的防范。

学习目标

➤ 能够利用前面所学的知识，结合"知识链接"、产品说明书，探究解决问题的办法。
➤ 能够与技术团队一起制定解决问题的方案。
➤ 能够制定合适的网络安全策略。
➤ 能够根据需求撰写相关文档。
➤ 能够向客户详细展示解决方案。

参考学时

8 学时

任务实施

说明：可采用角色扮演方式，实施项目教学，每组学生不超过 5 人，其中，两名学生分别扮演公司服务器，两名学生分别扮演内部和外部用户，教师扮演 XX 公司王总，一名学生扮演网络维护人员（观察员）。

活动 1.【资讯】了解防火墙的概念、功能与分类

通过阅读"知识链接"、查询互联网资料，了解防火墙的常见技术体系和分类方法，完成表 4-12 和表 4-13。

表 4-12　按防火墙采用的技术不同分类

序　号	按采用的技术划分	作用与运用场合
1		
2		

表 4-13　按实现防火墙的环境不同分类

序　号	按实现的环境划分	作用与运用场合
1		
2		

活动 2.【计划】拟定采用防火墙的类型

通过林工与技术团队小组的研究和讨论，可以采用＿＿＿＿＿＿＿＿＿＿＿类型的防

火墙。

（1）拟采用的技术：_____。

其优势是：_____

_____。

（2）需要增加的设备：_____。

（3）预计工期：_____天。

（4）费用预算：设备_____元，材料_____元，人工_____元。

活动 3.【决策】确定解决方案，并向公司相关人员详细展示

（1）公司技术团队派代表以 PPT 方式展示解决方案，XX 公司维护人员提出问题。

提出的问题：_____

_____

（2）通过现场展示、问答和研讨，方案进行了如下修改：

_____

_____

_____

活动 4.【实施】在相应设备上实施防火墙方案

YY 公司林工程师向 XX 公司相关人员展示项目实施方案，并会同网络维护人员具体实施防火墙的配置，并把详细配置步骤记录到表 4-14 中。

表 4-14　配置说明表

序　　号	步　　骤	操 作 说 明

活动 5.【检查】效果检查与评估

XX 公司维护人员检查 YY 公司各技术员的完成情况，口头向王总汇报实施效果。双方确认项目完工，填写表 4-15，对项目进行验收。

表 4-15　项目验收单

项目名称		施工时间	
用户单位（甲方）		施工单位（乙方）	
工作内容及过程简述：			
乙方项目负责人：	日期：　　年　　月　　日		
自检情况：			
乙方项目负责人：	日期：　　年　　月　　日		
用户意见及验收情况：			
甲方代表：	日期：　　年　　月　　日		

活动 6.【评价】任务评价与反馈

实施完成后，XX 公司维护人员检查 YY 公司各技术员的项目任务完成情况，向王总汇报实施效果。双方确认项目完工情况，填写表 4-16。

表 4-16　IT 公司技术员评价表

班级：			学号：			姓名：			日期：		
评价内容	自我评价			公司维护人员评价			王总评价		
	优秀	合格	不合格	优秀	合格	不合格	优秀	合格	不合格
清楚解决办法									
解决方式可行									
展示详细明了									
实施过程顺利									
团队协助									
工作态度									
总体评价	（　　）优秀　　（　　）合格　　（　　）不合格　　　　　公司维护人员签名：　　　　　　王总签名：								

知识链接

1. 什么是防火墙

防火墙是指设置在不同网络（如可信任的企业内部网和不可信的公共网）或网络安全域之间的一系列部件的组合。

它是不同网络或网络安全域之间信息的唯一出入口，能根据企业的安全策略控制（允许、拒绝、监测）出入网络的信息流，且本身具有较强的抗攻击能力。

在逻辑上，防火墙是一个分离器、限制器和分析器，它能有效地监控内部网和 Internet 之间的任何活动，保证了内部网络的安全。

2. 防火墙的功能

（1）过滤进出网络的数据包，封堵某些禁止的访问行为。

（2）对进出网络的访问行为进行日志记录，并提供网络使用情况的统计数据，实现对网络存取和访问的监控审计。

（3）对网络攻击进行检测和告警。防火墙可以保护网络免受基于路由的攻击，如 IP 选项中的源路由攻击和 ICMP 重定向中的重定向路径，并通知防火墙管理员。

（4）提供数据包的路由选择和网络地址转换（NAT），从而解决局域网中主机使用内部 IP 地址也能够顺利访问外部网络的应用需求。

3. 防火墙的类型

1）按采用的技术划分

包过滤型防火墙：在网络层或传输层对经过的数据包进行筛选。筛选的依据是系统内设置的过滤规则，通过检查数据流中每个数据包的 IP 源地址、IP 目的地址、传输协议（TCP、UDP、ICMP 等）、TCP/UDP 端口号等因素，来决定是否允许该数据包通过（包的大小为 1500 字节）。

代理服务器型防火墙：是运行在防火墙之上的一种应用层服务器程序，它通过对每种应用服务编制专门的代理程序，实现监视和控制应用层数据流的作用。

2）按实现的环境划分

（1）软件防火墙。

（2）普通计算机+通用的操作系统（如 Linux）。

（3）硬件（芯片级）防火墙：基于专门的硬件平台和固化的 ASIC 芯片来执行防火墙的策略和数据加解密，具有速度快、处理能力强、性能高、价格比较昂贵的特点（如思科 ASA）。

拓展训练

XX 公司的维护人员希望能将多种类型的防火墙作为备用方案保证现有设备发生故障时可以暂时替换使用，以方便他们开展维护工作。现请你给出一个可行的做法。

（1）拟采用的技术：_____

（2）阐述具体的做法：

_____

_____

课后练习

1．防火墙工作在路由模式，可以实现（　　　）。
   A．ACL 包过滤　　　B．NAT 地址转换　　　C．VLAN 透传　　　　D．ASPF

2．使用思科 ASA 的防火墙功能必须配置的是（　　　）。
   A．创建安全区域　　　　　　　　　　B．配置接口加入安全区域
   C．安全域间使能防火墙功能　　　　　D．调整域间防火墙会话超时时间

3．防火墙黑/白名单的特点是（　　　）。
   A．根据报文的源 IP 地址进行过滤或放行
   B．可动态添加删除
   C．简单高效
   D．配置复杂

任务5　远程管理网络设备

任务描述

通常网络中的各种设备在运行中出现故障时，需要网络管理员进行维护。但是由于 XX 公司网络规模越来越大，设备的分布面积也越来越广。当某个设备出现故障时，网络管理员需要携带计算机等多种设备去现场进行设备维护，工作既不方便又耗费了大量的时间。因此 XX 公司王总要求 YY 网络技术公司的技术支持林工帮助确定可以通过网络远程管理所有的网络设备的方案。

学习目标

➢ 能够利用前面所学的知识，结合"知识链接"、产品说明书，探究解决问题的办法。

➢ 能够与技术团队一起制定解决问题的方案。

> ➤ 能够制定合适的网络安全策略。
> ➤ 能够根据需求撰写相关文档。
> ➤ 能够向客户详细展示解决方案。

参考学时

8 学时

任务实施

说明：可采用角色扮演方式，实施项目教学，每组学生不超过 5 人，其中，两名学生分别扮演公司服务器，两名学生分别扮演内部和外部用户，教师扮演 XX 公司王总，一名学生扮演网络维护人员（观察员）。

活动1.【资讯】了解远程管理的方式

通过阅读"知识链接"、查询互联网资料，复述远程管理的基本原理，完成以下关于远程管理的相关知识，并比较不同的远程管理方式，见表 4-17。

远程管理方式主要有＿＿＿＿＿＿与＿＿＿＿＿＿。

表 4-17　两种远程管理方式的比较

方式一：（　　）		方式二：（　　）	
优　　点	缺　　点	优　　点	缺　　点

远程管理登录权限有＿＿＿＿＿＿个级别，每一个级别都有不同的权限，同时对应着不同权限能使用的命令，如果不指明用户的级别，则默认级别是＿＿＿＿＿＿。

配置特权密码的方式有＿＿＿＿＿＿种，配置命令分别是＿＿＿＿＿＿＿＿＿＿＿＿。

活动2.【计划】拟定远程管理的解决方式

通过林工的研究和思考，他认为可以采用＿＿＿＿＿＿＿＿＿＿＿＿＿＿＿解决网络设备远程管理。

（1）拟采用的技术：＿＿＿＿＿＿＿＿＿＿＿＿＿＿＿＿＿＿＿＿＿。

（2）预计工期：＿＿＿＿＿＿＿天。

（3）费用预算：设备＿＿＿＿＿＿元，材料＿＿＿＿＿＿元，人工＿＿＿＿＿＿元。

活动3.【决策】确定解决方案，并向公司相关人员详细展示

（1）公司技术团队派代表以 PPT 方式展示解决方案，XX 公司维护人员提出问题。

提出的问题：＿＿＿＿＿＿＿＿＿＿＿＿＿＿＿＿＿＿＿＿＿＿＿＿＿

（2）通过现场展示、问答和研讨，方案进行了如下修改：

＿＿＿＿＿＿＿＿＿＿＿＿＿＿＿＿＿＿＿＿＿＿＿＿＿＿＿＿＿＿＿＿＿＿

＿＿＿＿＿＿＿＿＿＿＿＿＿＿＿＿＿＿＿＿＿＿＿＿＿＿＿＿＿＿＿＿＿＿

活动4.【实施】林工在相应设备上实施方案

YY 公司林工向 XX 公司相关人员展示项目实施方案，并会同网络维护人员具体实施设备远程管理的配置，并把详细配置步骤记录到表 4-18 中。

表 4-18 配置说明表

序 号	步 骤	操 作 说 明

活动 5.【检查】效果检查与评估

XX 公司维护人员检查 YY 公司各技术员的完成情况，口头向王总汇报实施效果。双方确认项目完工，填写表 4-19，对项目进行验收。

表 4-19 项目验收单

项目名称		施工时间	
用户单位（甲方）		施工单位（乙方）	
工作内容及过程简述：			
乙方项目负责人：	日期：　年　月　日		
自检情况：			
乙方项目负责人：	日期：　年　月　日		
用户意见及验收情况：			
甲方代表：	日期：　年　月　日		

活动 6.【评价】任务评价与反馈

实施完成后，XX 公司维护人员检查 YY 公司各技术员的项目任务完成情况，向王总汇报实施效果。双方确认项目完工情况，填写表 4-20。

表 4-20 YY 公司技术员评价表

班级：			学号：			姓名：			日期：		
评价内容	自我评价			公司维护人员评价			王总评价		
	优秀	合格	不合格	优秀	合格	不合格	优秀	合格	不合格
清楚解决办法									
解决方式可行									
展示详细明了									
实施过程顺利									
团队协助									
工作态度									
总体评价	（　　）优秀　　（　　）合格　　（　　）不合格 公司维护人员签名：　　　　　　　王总签名：								

知识链接

1. Telnet 远程管理协议的工作原理

Telnet 协议是 TCP/IP 协议簇中的一员，用于 Internet 远程登录服务的标准协议和主要实现方式。它使用 TCP 的 23 号端口完成工作，为用户提供在本地计算机上完成配置远程主机、路由器、交换机等网络设备的能力。思科的 IOS 系统集成了 Telnet 功能，在本地计算机上使用 Telnet 程序连接到远程设备，本地终端可以在 Telnet 程序中输入指令，这些指令会在路由器、交换机上运行，给人的感觉就像直接在网络设备的控制台上输入一样。要开始一个 Telnet 会话，必须输入用户名和密码来登录网络设备。

用户通过 Telnet 访问路由器时，首先完成的是源主机到路由器 23 号端口的 TCP 三次"握手"，当三次"握手"完成后，才正式地将在源主机上输入的 Telnet 的密码与指令传送到路由器，并让其执行。Telnet 传送指令到路由器时，没有经过任何加密或安全措施，而且是用户从键盘上输入一个字符，就传递一个字符，所以安全性不高，利用协议分析器可以轻松地获得用户通过 Telnet 输入的指令。

2. SSH 远程管理协议的工作原理

SSH（Secure Shell）默认的连接端口是 22，可以对所有传输的数据进行加密。它是代替 Telnet 进行安全远程操作的一种很好的方式。当然，事实上它不止能代替 Telnet 进行安全工作，还能为 FTP 等应用服务提供安全的传输通道。

第一阶段：（基于口令的安全验证）只要用户知道自己的账号和口令，就可以登录到远程主机。所有传输的数据都会被加密，但是不能保证正在连接的服务器就是用户想连接的服务器，可能会有别的服务器在冒充真正的服务器，也就是受到"中间人"这种方式的攻击。

第二阶段：思科路由器如果配置了 SSH，那么就会在设备上产生一对非对称式的密钥，即一把私钥和一把公钥。私钥是不可公开的，所以设备要保密私钥；公钥是可公开的，设备可以将自己的公钥发送给 SSH 客户端，SSH 客户端拿着公钥来加密数据，所以数据在传送的过程中是保密的，这样就免除了"中间者的攻击或窃取"。被公钥加密的数据传送到路由器上时，路由器可以利用自己的私钥来解密数据，这样就保证了数据在传递过程中的安全性。

拓展训练

除了计划使用的解决方案还可以采用其他技术吗？现请你给出一个可行的做法。

（1）拟采用的技术：＿＿＿＿＿＿＿＿＿＿＿＿＿＿＿＿＿＿＿＿＿＿＿＿

（2）阐述具体的做法：

＿＿＿＿＿＿＿＿＿＿＿＿＿＿＿＿＿＿＿＿＿＿＿＿＿＿＿＿＿＿＿＿＿＿

＿＿＿＿＿＿＿＿＿＿＿＿＿＿＿＿＿＿＿＿＿＿＿＿＿＿＿＿＿＿＿＿＿＿

＿＿＿＿＿＿＿＿＿＿＿＿＿＿＿＿＿＿＿＿＿＿＿＿＿＿＿＿＿＿＿＿＿＿

＿＿＿＿＿＿＿＿＿＿＿＿＿＿＿＿＿＿＿＿＿＿＿＿＿＿＿＿＿＿＿＿＿＿

C 课后练习

1. （　　）常用于远程服务，给用户提供了一种通过连网的终端登录到远程服务器的方式。

    A．FTP   B．TFTP   C．Telnet   D．Tracert

2. SSH 的主要作用是（　　）。

    A．域名解析   B．远程接入   C．文件传输   D．邮件传输

3. Telnet 协议是基于（　　）进行数据传输的。

    A．RTP   B．SIP   C．UDP   D．TCP

4. Telnet 协议使用的端口号是（　　）。

    A．23   B．25   C．27   D．29

项目五

●●●●● **网络接入**

项目情景

随着公司业务的逐步扩展，XX 公司在全国建立了多个分支机构，也新增了两家合作企业。新建的分支机构需要接入公司网络使用统一的公司内部资源，而新增的两家合作企业也需要与公司网络连通以共享相关的信息资源。

学习目标

专业能力

➢ 能理解 NAT 协议，并会配置 NAT 协议实现网络地址转换。

➢ 能理解 PPP，并且会在路由器上配置 PPP 实现安全性。

➢ 能理解帧中继协议，并且会在路由器上配置帧中继协议。

➢ 能理解 VPN 虚拟专用网，并且会配置 VPN 协议，使分部公司与总部公司可以通信。

社会能力

➢ 能够与技术团队一起制定解决问题的方案。

➢ 能够向客户详细展示解决方案。

➢ 能够对客户的维护人员进行培训。

方法能力

➢ 能够利用前面所学的知识，结合"知识链接"、网络资料，探究解决问题的办法。

任务 1 配置 NAT 协议

任务描述

在 XX 公司新建的分支机构的网络中，ISP 分配了 6 个公共 IP 地址，为了使全部计算机都连网并且能接入 Internet，YY 网络技术公司的技术支持林工为该分支机构选择了 C 类私有 IP 地址并根据该分支机构的网络环境做了 IP 地址分配方案，并在接入 Internet 的时候选择了 NAT 技术使全部分支机构的计算机都可以直接访问 Internet。

学习目标

➢ 能够与技术团队一起制定解决问题的方案。

➢ 能够向客户详细展示解决方案。

➢ 能够配置 NAT，并且能配置动态一对多 PAT、动态一对一、静态一对一全端口、静态一对一指定端口等网络地址转换。

参考学时

8 学时

任务实施

说明：可采用角色扮演方式，实施项目教学，每组学生不超过 6 人，其中，4 名学生扮演 YY 公司技术员，教师扮演 XX 公司王总，2 名学生扮演 XX 公司维护人员（观察员）。

活动 1.【资讯】在什么情况下使用 NAT

通过阅读"知识链接"、查询互联网资料，复述 NAT 的工作原理，并填写 NAT 可提供帮助的各种情形，见表 5-1。

表 5-1　NAT 可提供帮助的各种情形

需要连接到 Internet，主机需要＿＿＿＿＿＿＿的 IP 地址
在公司更换 Internet 服务提供商（ISP），而网络管理员不需要更改＿＿＿＿＿＿编址方案
需要合并两个使用相同＿＿＿＿＿＿的内部网络

NAT 为公共 IP 地址不足的机构提供了简便的网络接入方案，将该技术的优缺点写在表 5-2 中。

表 5-2　NAT 技术的优缺点

优　　点	缺　　点

活动 2.【计划】可以采用的网络地址转换类型

NAT 技术在具体实施的时候，有 3 种类型可供选择。

静态 NAT：这种 NAT 能够在＿＿＿＿＿＿＿和＿＿＿＿＿＿＿之间进行一对一的映射。

动态 NAT：它能够将＿＿＿＿＿＿＿的 IP 地址映射到＿＿＿＿＿＿IP 地址池中的一个地址。

NAT 重载：NAT 重载也是动态 NAT，它利用源端口将多个＿＿＿＿＿＿IP 地址映射到一个注册 IP 地址（多对一）。

通过技术团队小组的研究和讨论，可以采用＿＿＿＿＿＿＿＿＿方式解决合作企业与分公司内网用户使用私网地址访问 Internet 的问题。

（1）拟采用的技术＿＿＿＿＿＿＿＿＿＿＿＿＿＿＿＿＿＿＿＿＿。

（2）预计工期：＿＿＿＿＿＿＿天。

（3）费用预算：设备_____元，材料_____元，人工_____元。

活动 3.【决策】确定解决方案，并向客户详细展示

（1）公司技术团队派代表以 PPT 方式展示解决方案，XX 公司维护人员提出问题。

提出的问题：_____

（2）通过现场展示、问答和研讨，方案进行了如下修改：

_____

活动 4.【实施】会同 XX 公司的网络维护人员共同实施 NAT 方案

YY 公司网络部门技术支持人员向 XX 公司相关人员展示项目实施方案，并会同相关的网络维护人员共同实施 NAT 方案。

（1）配置静态 NAT。

```
ip nat inside source static 10.1.1.1 170.46.2.2
interface Ethernet0/0
ip address 10.1.1.10 255.255.255.0
ip nat inside
interface Serial0/0
ip address 170.46.2.1 255.255.255.0
ip nat outside
```

在上面的路由器输出中，命令 ip nat inside source 指定要对哪些地址进行转换。这里使用该命令配置了一个静态转换，将内部本地 IP 地址 10.1.1.1 静态地转换为内部全局地址 170.46.2.2。

（2）配置动态 NAT。

```
ip nat pool todd 170.168.2.3 170.168.2.254 netmask 255.255.255.0
ip nat inside source 1ist 1 pool todd
interface Ethernet0/0
ip address 10.1.1.10 255.255.255.0
ip nat inside
interface Serial0/0
ip address 170.168.2.1 255.255.255.0
ip nat outside
access-list 1 permit 10.1.1.0 0.0.0.255
```

要使用动态 NAT，需要有一个地址池，用于给内部用户提供公网 IP 地址。动态 NAT 不使用端口号，因此对于同时试图访问外部网络的每位用户，都需要有一个公网 IP 地址。

命令 ip nat inside source list 1 pool todd 让路由器这样做：将与 access-list 匹配的 IP 地址转换为 IP NAT 地址池 todd 中的一个可用地址。

命令 ip nat pool todd 170.168.2.3 170.168.2.254 netmask 255.255.255.0 创建一个地址池，用于将全局地址分配给主机。

（3）配置 PAT（NAT 重载）。

```
ip nat pool globalnet 170.168.2.1 170.168.2.1 netmask 255.255.255.0
ip nat inside source list 1 pool globalnet overload
interface Ethernet0/0
ip address 10.1.1.10 255.255.255.0
ip nat inside
```

```
interface Serial0/0
ip address 170.168.2.1 255.255.255.0
ip nat outside
access-list 1 permit 10.1.1.0 0.0.0.255
```

相比于前面的动态 NAT 配置，该配置唯一不同的地方是，地址池只包含一个 IP 地址，且命令 ip nat inside source 末尾包含关键字 overload。

活动 5.【检查】效果检查与评估

XX 公司维护人员检查 YY 公司各技术员的完成情况，口头向王总汇报实施效果。双方确认项目完工，填写表 5-3，对项目进行验收。

表 5-3　项目验收单

项目名称		施工时间	
用户单位（甲方）		施工单位（乙方）	
工作内容及过程简述：			
乙方项目负责人：	日期：　　年　　月　　日		
自检情况：			
乙方项目负责人：	日期：　　年　　月　　日		
用户意见及验收情况：			
甲方代表：	日期：　　年　　月　　日		

活动 6.【评价】任务评价与反馈

实施完成后，XX 公司维护人员检查 YY 公司各技术员的项目任务完成情况，向王总汇报实施效果。双方确认项目完工情况，填写表 5-4。

表 5-4　YY 公司技术员评价表

班级：		学号：		姓名：		日期：		
评价内容	自我评价			公司维护人员评价			王总评价	
	优秀	合格	不合格	优秀	合格	不合格	优秀	合格	不合格
清楚解决办法									
解决方式可行									
展示详细明了									
实施过程顺利									
团队协助									
工作态度									
总体评价	（　　）优秀　　　（　　）合格　　　（　　）不合格								
	公司维护人员签名：　　　　　　　王总签名：								

知识链接

1. NAT 的定义

NAT 是 Network Address Translation（网络地址转换）的缩写，它的主要功能是将 IP 报头中的一个私有网络 IP 地址转换为另一个被公共网络认可的 IP 地址。NAT 能够成功地解决私有网络访问公共网络的功能，通常在这种情况下是将多个企业内部的私有网络专用地址转换为企业出口网关的一个公共 IP 地址来访问 Internet，这种解决方案通过使用少量的公有IP 地址代表较多的私有网络专用IP 地址的方式，来缓解可用的IP 地址空间的枯竭。同时可以提高企业内部的安全性，因为内部私有专用地址对外是透明的。NAT 的形式大概被分为三种典型的应用，即静态 NAT、动态 NAT、PAT。

2. 静态 NAT

通常私有 IP 地址与公共 IP 地址形成一对一的关系，如果结合端口使用，也可以形成一个 IP 地址对应多个 IP 地址的形式，通常应用在企业内部有某台服务器需要允许用户访问 Internet 的情况下。事实上，在这种环境中，并没有达到节约 IP 地址的目的，只是对外隐藏了真实的私有专用 IP 地址，满足了 Internet 用户访问内部服务器的可能，从某种程度上提高了安全性。还有一种方案是使用一对多关系的静态映射，这种解决方案可以达到节约 IP 地址的目的，但是必须结合 TCP 套接字一起使用，TCP 套接字是一种用 IP 地址加端口号来识别会话的方法。

3. 动态 NAT

动态 NAT 需要在 NAT 路由器上定义一个公共网络的地址池，如图 5-1 所示，有一个被定义的公共IP地址池是202.202.1.100～202.202.1.102；当私有网络上的主机192.168.2.2～192.168.2.4 要访问公共网络上的主机 202.202.2.100 时，NAT 会动态地将每个私有网络专用 IP 地址转换成公共 IP 地址池中的 IP 地址，然后去访问公共网络上的主机 202.202.2.100。比如：192.168.2.2 将被翻译成 202.202.1.100，192.168.2.3 将被翻译成 202.202.1.101，192.168.2.4 将被翻译成202.202.1.102，这种动态的 NAT 翻译，私有 IP 地址与公共 IP 地址成一对一的关系，事实上并没有达到节约 IP 地址的目的，但是它对于大型网络合并后产生的重叠地址冲突是一种很好的解决方案。注意：动态 NAT 定义的公共地址池中 IP 地址的数量，应该和私有网络专用地址的数量相同，如果公共地址池中 IP 地址的数量少于私有网络专用地址的数量，那么多余的私有网络专用地址将无法访问公共网络，因为公共地址池中的 IP 地址与私有专用 IP 地址的数量成一对一关系。

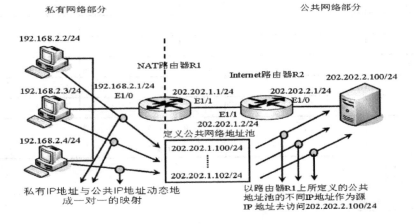

图 5-1　动态 NAT 的工作原理图

4. PAT

PAT（Port Address Translation，端口地址转换）属于 NAT 的一种，严格地讲，它属于

动态 NAT 的一种类型，它产生的目的是在大量使用私有网络专用地址的企业网络中代理这些主机访问公共网络，比如访问 Internet。PAT 的最大优势就是将企业网络内部使用的全部私有网络专用地址转换成一个公共 IP 地址，通常是 NAT 路由器外部接口的 IP 地址，然后代理它们去访问 Internet，这样可以最大限度地节省访问 Internet 的地址成本，因为在使用 PAT 时整个企业访问公共网络只需要一个公共 IP 地址。

拓展训练

在下面的拓展训练中，你将给路由器、计算机配置 IP 地址与 NAT 转换，使内部计算机 PC0 可以 ping 通外网路由器 Router1，外网路由器 Router1 只允许配置接口 IP 地址，不做其他配置。

按图 5-2 所示给路由器配置地址，配置 NAT 重载。

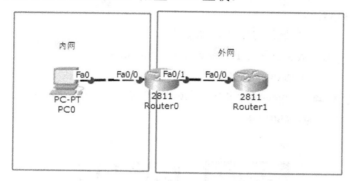

图 5-2 拓扑结构图

图 5-2 所示的拓扑结构图中各个设备接口所用的 IP 地址见表 5-5。

表 5-5 设备接口的 IP 地址

路 由 器	接 口	IP 地 址
Router1（ISP）	Fa0/0	1.1.1.2/24
Router0（出口路由器）	Fa0/1	1.1.1.1/24
Router0（出口路由器）	Fa0/0	192.168.1.254/24
PC0 内部计算机	Fa0	192.168.1.1/24

课后练习

1. 下面（　　）是使用 NAT 的缺点。
   A．导致交换延迟　　　　　　　　　B．节省合法的注册地址
   C．导致无法进行端到端 IP 跟踪　　D．提高了连接到 Internet 的灵活性
   E．启用 NAT 后，有些应用程序将无法正常运行
2. 下面（　　）是使用 NAT 的优点。
   A．导致交换延迟
   B．节省合法的注册地址
   C．导致无法进行端到端 IP 跟踪
   D．提高了连接到 Internet 的灵活性

E．启用 NAT 后，有些应用程序将无法正常运行

F．为地址重叠提供了解决方案

3．下面（　　）命令能够实时查看路由器执行的转换。

    A．show ip nat translations   B．show ip nat statistics

    C．debug ip nat   D．clear ip nat translations *

4．下面（　　）命令显示路由器中的所有活动转换条目。

    A．show i p nat translations   B．show i p nat statistics

    C．debug ip nat   D．clear ip nat translations *

5．下面（　　）命令清除路由器中所有的活动转换条目。

    A．show ip nat translations

    B．show ip nat statistics

    C．debug ip nat

6．下面（　　）命令显示 NAT 配置摘要。

    A．show ip nat translations B. show ip nat statistics

    B．show ip nat statistics

    C．debug ip nat D. clear ip nat translations *

    D．clear ip nat translations *

任务 2　配置 PPP

任务描述

由于公司业务扩大，新增的合作企业采用了不同的网络接入技术，其中 A 公司需要 XX 公司在网络边界设备配置 PPP 才能连接两家公司网络。因此，XX 公司的王总要求技术支持林工帮助公司实现该技术，并强调了与 A 公司连接的安全性。

学习目标

➤ 能够利用前面所学的知识，结合"知识链接"、Windows 帮助文件和网络资料，探究解决问题的办法。

➤ 能够与技术团队一起制定解决问题的方案。

➤ 能够向客户详细展示解决方案。

➤ 能够在路由器上配置 PPP。

参考学时

8 学时

任务实施

说明：可采用角色扮演方式，实施项目教学，每组学生不超过 6 人，其中，4 名学生

扮演 YY 公司技术员，教师扮演 XX 公司王总，2 名学生扮演 XX 公司维护人员（观察员）。

活动1.【资讯】查找资料，复述 PPP 的工作原理

通过阅读"知识链接"、查询互联网资料，复述 PPP 的工作原理。

（1）PPP（Point-to-Point Protocol，点到点协议）是为在_____之间传输数据包这样的简单链路设计的链路层协议。

（2）这种链路提供全_____操作，并按照顺序传递数据包。

（3）PPP 是一种分层的协议，最初由 LCP 发起对链路的建立、配置和____。

（4）在 LCP 初始化后，通过一种或多种_____来传送特定协议簇的通信。

（5）PPP 提供了一种在_____的链路上封装多协议数据包（IP、IPX 和 AppleTalk）的标准方法。

活动 2.【计划】封装 PPP 使用的身份验证

通过技术团队小组的研究和讨论，可以采用_____身份验证方式。

（1）拟采用的技术：_____。

（2）预计工期：_____天。

（3）费用预算：设备_____元，材料_____元，人工_____元。

活动 3.【决策】向客户展示技术方案，并确定最终方案

（1）公司技术团队派代表以 PPT 方式展示解决方案，XX 公司维护人员提出问题。

提出的问题：_____

（2）通过现场展示、问答和研讨，方案进行了如下修改：

_____

_____

活动 4.【实施】会同 XX 公司的网络维护人员共同实施 PPP 方案

YY 公司网络部门技术支持人员向 XX 公司相关人员展示项目实施方案，并会同相关的网络维护人员共同实施 PPP 方案。

```
Router (config-if)# clock rate bps
配置时钟频率，需要在DCE设备上配置
Router (config-if)# encapsulation encapsulation-type
配置封装协议
```

1. 配置 PAP 认证

```
Router (config-if)# username name {nopassword | password { password |
[0|7]
服务器端，建立本地口令数据库
Router (config-if)# ppp authentication {chap|pap|chap pap|pap chap}
[callin]
服务器端，要求进行PAP认证
Router (config-if)# ppp pap sent-username username [password
encryption-type password ]
客户端将用户名和口令发送到对端
```

2. 配置 CHAP 认证

```
Router (config-if)# username name {nopassword | password { password |
[0|7]
```

> 服务器端和客户端，建立本地口令数据库
>
> ```
> Router (config-if)# ppp authentication {chap|pap|chap pap|pap chap}
> [callin]
> ```
>
> 服务器端，要求进行CHAP认证

活动 5.【检查】效果检查与评估

XX 公司维护人员检查 YY 公司各技术员的完成情况，口头向王总汇报实施效果。双方确认项目完工，填写表 5-6，对项目进行验收。

表 5-6　项目验收单

项目名称		施工时间	
用户单位（甲方）		施工单位（乙方）	
工作内容及过程简述： 乙方项目负责人：　　　　　　　　　日期：　　年　　月　　日			
自检情况： 乙方项目负责人：　　　　　　　　　日期：　　年　　月　　日			
用户意见及验收情况： 甲方代表：　　　　　　　　　　　　日期：　　年　　月　　日			

活动 6.【评价】任务评价与反馈

实施完成后，XX 公司维护人员检查 YY 公司各技术员的项目任务完成情况，向王总汇报实施效果。双方确认项目完工情况，填写表 5-7。

表 5-7　YY 公司技术员评价表

班级：			学号：			姓名：			日期：		
评价内容	自我评价			公司维护人员评价			王总评价				
	优秀	合格	不合格	优秀	合格	不合格	优秀	合格	不合格		
清楚解决办法											
解决方式可行											
展示详细明了											
实施过程顺利											
团队协助											
工作态度											
总体评价	（　　）优秀　　　（　　）合格　　　（　　）不合格 公司维护人员签名：　　　　　　　王总签名：										

知识链接

1. 什么是 DTE 设备

DTE（Data Terminal Equipment，数据终端设备）是具有一定的数据处理和收发能力的设备，通常指用户计算机、路由器等，通信 DTE 设备属于企业网络用户管理设备。

2. 什么是 DCE 设备

DCE（Data Communications Equipment，数据通信设备）负责在 DTE 和传输线路之间

提供时间同步、信号变换和编码功能，并且负责建立、保持和释放链路的连接。通常 DCE 设备由电信运营商提供，比如 MODEM、CSU/DSU 都属于 DCE 设备。在这里特别要强调的是，DCE 必须向传输链路提供时钟频率，否则，传输链路无法正常工作。

3. HDLC

HDLC（High-Level Data Link Control，高级数据链路控制）是一个在同步网络上传输数据、面向比特（也称面向位）的数据链路层协议。这里所谓的面向位的协议，实际上是对应于面向字节协议的一种称呼，在面向字节的协议中，用整个字节对控制信息进行编码。而面向位的协议使用单个位来表示控制信息，常见的面向位的协议有 HDLC、TCP、IP 等。HDLC 最初的标准由 ISO 3309 提出，然后各个厂商对标准做了修改，所以每个厂商都有自己的一种 HDCL 标准，而且这些标准相互不兼容。思科也产生了自己私有的 HDLC 标准。各个厂商对 HDLC 私有化的原因是：如果厂商不对最初的 HDLC 做处理，那么它只能携带一种三层协议，当厂商将 HDLC 私有化后，就可以携带不同的三层协议了。

4. PPP

PPP（Point to Point Protocol，点对点协议）是为在点对点连接上传输多协议数据包提供的一种标准方法，它克服了 SLIP 的所有局限性，被作为一个完整的协议簇进行开发。为什么这样说？因为 PPP 不只是单纯地支持对 IP 报文的成帧（封装），还可以对其他非 IP 报文（如 IPX 报文）进行封装，并且提供良好的差错控制、安全保障、传输消息管理等功能。PPP 由两个主要的部件构成：LCP（链路控制协议）和 NCP（网络控制协议）。它的工作原理也是依赖这两个核心组件完成的。

LCP 的作用：主要负责两个网络设备之间链路的创建、维护、安全鉴别、完成通信后的链路终止等。

NCP 的作用：主要负责将许多不同的第三层网络协议报文，如 TCP/IP、IPX/SPX、NetBEUI 等进行封装，NCP 必须在 LCP 阶段之后进行操作。

除此之外，PPP 还可以作为后期应用扩展的一种基础协议，比如现今流行在 DSL 上的 PPPoE 就是 PPP 的一个扩展。

拓展训练

（1）PPP 的主要特征是什么？
（2）简述 PPP 认证的过程。
（3）比较 PAP、CHAP 的优缺点。

课后练习

1. 下面（　　）命令实时地显示网络中两台路由器之间的 CHAP 身份验证过程。
    A．show chap authentication   B．show interface serial 0
    C．debug ppp authentication   D．debug chap authentication

2. （　　）将 PPP 帧封装在以太网帧中，并使用常见的 PPP 功能，如身份验证、加密和压缩。
    A．PPP   B．PPPoA   C．PPPoE   D．令牌环

3．在异步串行连接上，可配置（　　）WAN 封装方法。

    A．PPP   B．ATM   C．HDLC   D．SDLC   E．帧中继

任务3　配置帧中继协议

🎧 任务描述

由于公司业务扩大，新增的合作企业采用了不同的网络接入技术，其中 B 公司需要 XX 公司在网络边界设备配置 FR 协议才能连接两家公司网络。因此，XX 公司的王总要求技术支持林工帮助公司实现该技术，并强调了与 B 公司连接的安全性。

🧩 学习目标

➢ 能够利用前面所学的知识，结合"知识链接"、Windows 帮助文件和网络资料，探究解决问题的办法。

➢ 能够与技术团队一起制定解决问题的方案。

➢ 能够向客户详细展示解决方案。

➢ 能够配置出口路由器帧中继网络。

📞 参考学时

8 学时

◎ 任务实施

说明：可采用角色扮演方式，实施项目教学，每组学生不超过 6 人，其中，4 名学生扮演 YY 公司技术员，教师扮演 XX 公司王总，2 名学生扮演 XX 公司维护人员（观察员）。

活动 1.【资讯】两家合作企业网络资源共享为什么要使用帧中继

（1）帧中继允许使用一个连接到提供商的接入电路实现所有_____之间的通信。

（2）帧中继与专线或租用线相比，帧中继提供了更高的带宽、_____和弹性。

（3）帧中继兼有成本效益和_____性。

（4）帧中继有两种方法建立虚电路：_____。

活动 2.【计划】拟定网络资源共享使用的技术

通过技术团队小组的研究和讨论，可以采用_____方式解决合作企业需要与公司网络连通的问题：

（1）拟采用的技术：_____。

其优势是：_____。

（2）预计工期：_____天。

（3）费用预算：设备_____元，材料_____元，人工_____元。

活动 3.【决策】向客户展示技术方案，并确定最终方案

（1）公司技术团队派代表以 PPT 方式展示解决方案，公司维护人员提出问题。
提出的问题：_____

（2）通过现场展示、问答和研讨，方案进行了如下修改：

_____

_____

活动 4.【实施】会同 XX 公司的网络维护人员共同实施 FR 方案

YY 公司网络部门技术支持人员向 XX 公司相关人员展示项目实施方案，并会同相关的网络维护人员共同实施 FR 方案，如图 5-3 所示。

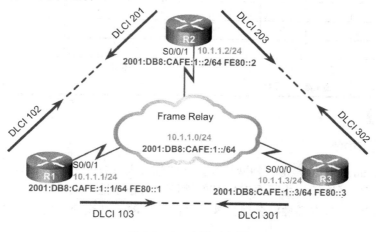

图 5-3　FR 实施示意图

基本帧中继配置步骤如下。

（1）配置接口 IP 地址：

```
ip address 10.1.1.1 255.255.255.0
```

（2）启用 FR 协议：

```
Encapsulation frame-relay
```

活动 5.【检查】效果检查与评估

XX 公司维护人员检查 YY 公司各技术员的完成情况，口头向王总汇报实施效果。双方确认项目完工，填写表 5-8，对项目进行验收。

表 5-8　项目验收单

项目名称		施工时间	
用户单位（甲方）		施工单位（乙方）	
工作内容及过程简述：			
乙方项目负责人：	日期：　　年　　月　　日		
自检情况：			
乙方项目负责人：	日期：　　年　　月　　日		
用户意见及验收情况：			
甲方代表：	日期：　　年　　月　　日		

活动 6.【评价】任务评价与反馈

实施完成后，XX 公司维护人员检查 YY 公司各技术员的项目任务完成情况，向王总汇报实施效果。双方确认项目完工情况，填写表 5-9。

表 5-9 IT 公司技术员评价表

班级：			学号：			姓名：			日期：		
评价内容	自我评价			公司维护人员评价			王总评价		
	优秀	合格	不合格	优秀	合格	不合格	优秀	合格	不合格
清楚解决办法									
解决方式可行									
展示详细明了									
实施过程顺利									
团队协助									
工作态度									
总体评价	（ ）优秀　　　（ ）合格　　　（ ）不合格								
	公司维护人员签名：　　　　　　　王总签名：								

知识链接

1. 什么是帧中继

帧中继（Frame-Relay）是一种网络与数据终端设备（DTE）的接口标准，是计算机面向分组交换的广域网连接。由于具有较高的性价比与稳定性，大多数电信运营商都提供帧中继服务，把它作为建立高性能分组交换广域网连接的一种途径，也是一种基于 OSI 数据链路层技术。

2. 帧中继的分组交换特性

多条逻辑链路（分组交换中的虚拟链路）被一条物理链路所承载，如图 5-4 所示，是一种典型的基于分组交换的线路复用技术。R1 到 R2、R1 到 R3 的通信通道，被放入同一条物理链路上。当 R1 到 R2 和 R1 到 R3 的通信通道都放入同一条物理链路上以后，R1 怎样区分哪一条是到 R2 的逻辑通道，哪一条是到 R3 的逻辑通道？怎么确保 R1 不会把两条逻辑通道搞混？DLCI 号码是区分逻辑链路的关键，一个 DLCI 号码标识一条逻辑通道，这样 R1 就可以利用 DLCI 号码为 102 的逻辑链路到达 R2；利用 DLCI 号码为 103 的逻辑链路到达 R3，就不会把两条逻辑通道搞混了。

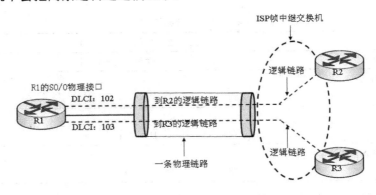

图 5-4　虚拟电路示意图

被物理链路承载的逻辑链路叫 VC（Virtual Circuit，虚拟电路）。虚拟电路又分为永久虚拟电路（PVC）和交换虚拟电路（SVC）。永久虚拟电路（PVC）：不管用户什么时候使用，甚至不使用，该通信通道都将永久为用户保留，多为月租制收费。交换虚拟电路（SVC）：用户需要的时候，该通道为用户临时创建；当用户不需要时，可关闭该逻辑通道，多为计时制收费。

3. 帧中继的 DLCI 号码

DLCI（Data Link Connection Identifier，数据链路连接标识）是对帧中继网络中虚拟电路（Virtual Circuit）的一种标识。帧中继交换机将根据这个 DLCI 号码来识别不同的虚拟电路，并确定虚拟电路的转发路径。通常 DLCI 号码只具有本地意义，具体如图 5-5 所示，电信运营商的帧中继交换机将维护一个转发接口与 DLCI 对应的关系表，比如说路由器 R1 将数据发送到帧中继交换机的接口 1，而通常 DLCI 号码将与 IP 地址存在一个映射关系，如果 IP 地址是 192.168.1.2，那么与其对应的 DLCI 号码就是 201，而 DLCI 号码 201 所对应帧中继交换机的接口是接口 2，所以数据帧将通过帧中继交换机的接口 2 输出到目标路由器 R2。DLCI 号码只具有本地意义，是指 DLCI 号码只在用户前端设备，比如图中的 R1 与它同侧的帧中继交换机接口（接口 1）之间生效。通常在帧中继环境中，用户获得物理链路与完成到目标的通信是两件事，用户获得物理链路，只表示用户前端设备能与运营商的帧中继交换机相连接；而要完成与目标的通信，则必须获得电信运营商分配的 DLCI 号码，因为这表示将获得一条虚拟电路。

交换机的接品	DLCI号码	映射的IP地址
接口1	102	192.168.1.1
接口2	201	192.168.1.2

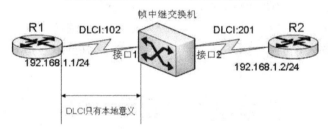

图 5-5　帧中继 DLCI 示意图

4. 帧中继的组件

帧中继设备的组件：帧中继交换机（DCE 设备）与用户数据终端设备（DTE 设备）。DCE（Data Communications Equipment）是电信运营商为用户数据终端设备（用户端负责帧中继 WAN 接入的路由器）提供的时钟与电路交换服务，实际上就是 WAN 链路上的分组交换机，该设备通常被电信运营商所控制。DTE（Data Terminal Equipment，数据终端设备）通常是企业内部设备，比如路由器，它用于完成到帧中继交换机的接入。简而言之，DTE 设备是位于用户前端的设备，该设备被企业使用，并且企业拥有对该设备的完全可控权，具体如图 5-6 所示。

图 5-6　帧中继的 DTE 与 DEC

拓展训练

（1）帧中继是部署得最多的 WAN 服务之一，其中一个重要原因是什么？

（2）默认情况下，帧中继是一种什么网络？

（3）帧中继可以通过网络发送广播吗？如 RIP 更新。

课后练习

1. 给点到点子接口配置帧中继时，绝对不要（　　　）。

　　A．在物理接口上配置帧中继封装

　　B．在每个子接口上配置本地 DLCI

　　C．给物理接口配置　地址

　　D．将子接口类型配置为点到点的

2. 使用串行 DTE 接口将路由器连接到帧中继 WAN 链路时，时钟频率（　　　）。

　　A．由 CSUIDSU 提供　　　　　　　　B．由远程路由器提供

　　C．使用命令 c10ck rate 配置　　　　　D．由物理层比特流速度确定

（3）默认情况下，帧中继 WAN 属于（　　　）类型。

　　A．点到点　　　　　　　　　　　　B．广播多路访问

　　C．非广播多路访问　　　　　　　　D．非广播多点

任务4　配置 VPN

任务描述

　　由于公司业务扩大，XX 公司新增了两个分公司。分公司的网络需要和总公司的网络连接，才能使用总公司的内部资源。因此，王总要求公司网络部的网络工程师张工解决分公司与总公司的网络相互访问的问题。

学习目标

➤ 能够利用前面所学的知识，结合"知识链接"、Windows 帮助文件和网络资料，探究解决问题的办法。

➤ 能够与技术团队一起制定解决问题的方案。

> 能够向客户详细展示解决方案。
> 能够配置 VPN，达到分公司与总公司网络资源可以互相访问的目的。

📞 **参考学时**

8 学时

◎ **任务实施**

说明：可采用角色扮演方式，实施项目教学，每组学生不超过 6 人，其中，4 名学生扮演 YY 公司技术员，教师扮演 XX 公司王总，2 名学生扮演 XX 公司维护人员（观察员）。

活动 1.【资讯】了解现有公司的网络拓扑，将使用哪种 VPN 技术

通过阅读"知识链接"、查询互联网资料，了解并复述 VPN 技术原理，完成对各种 VPN 技术的比较，填写表 5-10。

表 5-10 常见的 VPN 技术

序 号	名 称	优点、运用场合
1	IPSec VPN	
2	Easy VPN	
3	SSL VPN	
4	dmvpn VPN	

活动 2.【计划】拟定技术方案

通过技术团队小组的研究和讨论，我们认为可以采用＿＿＿＿＿＿＿＿＿＿VPN。

（1）拟采用的技术：＿＿＿＿＿＿＿＿＿＿＿＿＿＿＿＿＿＿＿＿＿＿＿＿＿。

其优势是：＿＿＿＿＿＿＿＿＿＿＿＿＿＿＿＿＿＿＿＿＿＿＿＿＿＿＿＿。

（2）预计工期：＿＿＿＿＿＿＿＿天。

（3）费用预算：设备＿＿＿＿＿元，材料＿＿＿＿＿＿元，人工＿＿＿＿＿元。

活动 3.【决策】向客户展示技术方案，并确定最终方案

（1）公司技术团队派代表以 PPT 方式展示技术方案，公司人员提出问题。

提出的问题：＿＿＿＿＿＿＿＿＿＿＿＿＿＿＿＿＿＿＿＿＿＿＿＿＿＿＿

（2）通过现场展示、问答和研讨，方案进行了如下修改：

＿＿＿＿＿＿＿＿＿＿＿＿＿＿＿＿＿＿＿＿＿＿＿＿＿＿＿＿＿＿＿＿＿＿＿

＿＿＿＿＿＿＿＿＿＿＿＿＿＿＿＿＿＿＿＿＿＿＿＿＿＿＿＿＿＿＿＿＿＿＿

＿＿＿＿＿＿＿＿＿＿＿＿＿＿＿＿＿＿＿＿＿＿＿＿＿＿＿＿＿＿＿＿＿＿＿

活动 4.【实施】会同 XX 公司的网络维护人员共同实施 VPN 方案

YY 公司网络部门技术支持人员向 XX 公司相关人员展示项目实施方案，并会同相关的网络维护人员共同实施 VPN 方案，如图 5-7 所示。

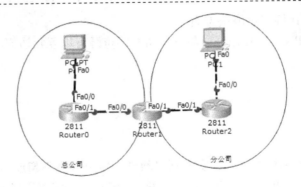

图 5-7　VPN 实施方案

VPN 方案的实施过程记录到表 5-11 和表 5-12 中。

表 5-11　总公司 VPN 实施记录表

序　号	步　　骤	操 作 说 明

表 5-12　分公司 VPN 实施记录表

序　号	步　　骤	操 作 说 明

活动 5.【检查】效果检查与评估

XX 公司维护人员检查 YY 公司各技术员的完成情况，口头向王总汇报实施效果。双方确认项目完工，填写表 5-13，对项目进行验收。

表 5-13　项目验收单

项目名称		施工时间	
用户单位（甲方）		施工单位（乙方）	
工作内容及过程简述： 乙方项目负责人：　　　　　日期：　　年　　月　　日			
自检情况： 乙方项目负责人：　　　　　日期：　　年　　月　　日			
用户意见及验收情况： 甲方代表：　　　　　　　日期：　　年　　月　　日			

活动 6.【评价】任务评价与反馈

实施完成后，XX 公司维护人员检查 YY 公司各技术员的项目任务完成情况，向王总汇报实施效果。双方确认项目完工情况，填写表 5-14。

表 5-14　YY 公司技术员评价表

班级：				学号：			姓名：			日期：	
评价内容	自我评价			公司维护人员评价			王总评价				
	优秀	合格	不合格	优秀	合格	不合格	优秀	合格	不合格		
清楚解决办法											
解决方式可行											
展示详细明了											
实施过程顺利											
团队协助											
工作态度											
总体评价	（　　）优秀　　（　　）合格　　（　　）不合格										
	公司维护人员签名：　　　　　　　　王总签名：										

知识链接

1. VPN 的类型与 VPN 设备

这里所指的 VPN 的类型，主要是从接入方式上来区分的类型，大致分为两种类型：场对场的 VPN 接入与远程访问型的 VPN 接入。

1）场对场的 VPN 接入

所谓场对场的 VPN 接入（Site to Site VPN），如图 5-8 所示，也称"网对网"（一个网络对另一个网络）的 VPN 连接，通常这种连接方式发生在两个远程机构的边界网关设备上，凡是穿越了两个边界网关设备的数据都会被 VPN 做加密处理。该连接方式大多用于两个较为固定的办公场所，而且两个场所之间需要持续性的 VPN 连接。

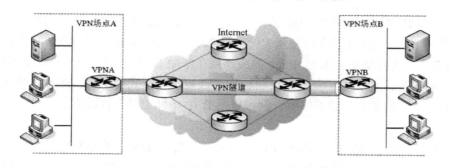

图 5-8　场对场的 VPN 接入

2）远程访问类型的 VPN 接入

所谓远程访问类型的 VPN 接入（Remote Access VPN），如图 5-9 所示，也称"点对网"（一个通信点连接一个网络）的 VPN 连接，通常这种连接方式发生在某个公派外地的个人用户通过远程拨号 VPN 的方式来连接企业总部，以获取安全访问企业内部资源的过程。该连接方式大多用于出差用户到固定办公场所的 VPN 连接，它的移动性和灵活性相比场对场的 VPN 而言将更好。

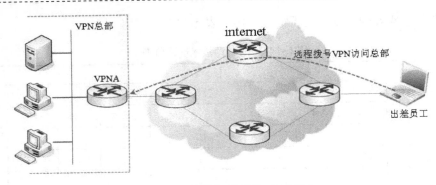

图 5-9 远程访问类型的 VPN 接入

2. 初识 IPSec 协议

IPSec 是 IP Security 的缩写，即 IP 安全性协议，它是为 IP 网络（仅此 IP 网络）提供安全性服务的一个协议集合组件，是一种开放标准的框架结构，工作在 OSI 七层的网络层。IPSec 不是一个单独的协议，它可以不使用附加的任何安全行为，就可以为用户提供任何高于网络层的 TCP/IP 应用程序和数据的安全，它主要提供如下保护功能。

（1）加密用户数据，实现数据的隐秘性。

（2）鉴别 IP 报文的完整性，使其在传输的路径中不被非法篡改。

（3）防止重放攻击等行为。

（4）它既可以确保通信点（计算机到计算机）的安全，也可以确保两个通信场点（IP 子网到子网）的安全。

（5）使用具有网络设备特点的安全性算法和密钥交换的功能，以加强 IP 通信的安全性需求。

（6）它也是一种 VPN 的实施方式。

3. 关于 IPSec 的传输模式与隧道模式

IPSec 的传输模式：一般为 OSI 的传输层及更上层提供安全保障。传输模式一般用于主机到主机的 IPSec，或者远程拨号型 VPN 的 IPSec，如图 5-10 所示，在传输模式中，原始的 IP 头部没有得到保护，因为 IPSec 的头部插在原始 IP 头部的后面，所以原始的 IP 头部将始终暴露在外，而传输层及更上层的数据可以被传输模式所保护。注意：当使用传输模式的 IPSec 在穿越非安全的网络时，除了原始的 IP 地址以外，在数据包中的其他部分都是安全的。

IPSec 的隧道模式：它将包括原始 IP 头部在内的整个数据包都保护起来，它将产生一个新的隧道端点，然后使用这个隧道端点的地址来形成一个新的 IP 头部，在非安全网络中，只有这个新的 IP 头部可见，原始的 IP 头部和数据包都不可见。在如图 5-10 所示的网络环境中，就会在路由器 VPNA 和 VPNB 的外部接口上产生一个隧道端点，而它们的接口地址正是这个隧道端点的地址，也是形成 IPSec 隧道模式中新的 IP 头部。隧道模式一般应用于连接场到场的 IPSec 的 VPN。

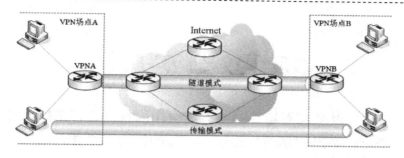

图 5-10　IPSec 的传输模式与隧道模式

拓展训练

（1）IPSec 使用的两种主要的安全协议是什么？

（2）简述 4 种最常见的隧道协议。

课后练习

1. 下面（　　）允许利用 Internet 组建专用网络，通过隧道安全地传输非 TCP/IP 分组。

  A．HDLC   B．有线电视   C．VPN

  D．IPSec   E．xDSL

2. IPSec 协议是开放的 VPN 协议，对它的描述有误的是（　　）。

  A．适应于向 IPv6 迁移

  B．提供在网络层上的数据加密保护

  C．可以适应设备动态 IP 地址的情况

  D．支持除 TCP/IP 外的其他协议

3. 如果 VPN 网络需要运行动态路由协议并提供私网数据加密，通常采用（　　）实现。

  A．GRE   B．GRE + IPSec

  C．L2TP   D．L2TP + IPSec

反侵权盗版声明

电子工业出版社依法对本作品享有专有出版权。任何未经权利人书面许可，复制、销售或通过信息网络传播本作品的行为；歪曲、篡改、剽窃本作品的行为，均违反《中华人民共和国著作权法》，其行为人应承担相应的民事责任和行政责任，构成犯罪的，将被依法追究刑事责任。

为了维护市场秩序，保护权利人的合法权益，我社将依法查处和打击侵权盗版的单位和个人。欢迎社会各界人士积极举报侵权盗版行为，本社将奖励举报有功人员，并保证举报人的信息不被泄露。

举报电话：（010）88254396；（010）88258888

传　　真：（010）88254397

E-mail：　dbqq@phei.com.cn

通信地址：北京市万寿路173信箱

　　　　　电子工业出版社总编办公室

邮　　编：100036